AF312199

MANUEL THÉORIQUE

ET PRATIQUE

DE LA FILATURE DU LIN

ET DE L'ÉTOUPE

MANUEL THÉORIQUE

ET PRATIQUE

de la

FILATURE DU LIN

ET DE L'ÉTOUPE

Application du Système métrique

AU CALCUL

Ouvrage augmenté d'un détail sur le Mouvement différentiel, suivi du
Calcul appliqué au mécanisme de ce Mouvement

PAR

Alexandre DELMOTTE

CONTRE-MAITRE DE FILATURE CHEZ M. JULIEN WAGON, A SIN.

LILLE

IMPRIMERIE DE LEFEBVRE-DUCROCQ

Rue Esquermoise, 57.

1864

AVANT-PROPOS

Mon but, en appliquant notre système métrique aux calculs anglais de la filature, est d'aplanir les difficultés que la plupart de mes collègues éprouvent, pour comprendre un système de poids et mesures avec lequel ils ne sont pas familiers; ces difficultés les embrouillent, les rebutent et finissent souvent par leur faire abandonner une étude nécessaire, indispensable à la prospérité de l'industrie.

En effet, aujourd'hui plus que jamais, si nous voulons que nos patrons soutiennent avantageusement la lutte contre la concurrence anglaise; il faut que chacun de nous s'applique sérieusement à l'étude de toutes les parties qui se rattachent à notre belle industrie, qui a déjà rendu de bien grands services et qui est appelée à en rendre de plus grands encore.

Nos voisins d'outre Manche ont acquis sur nous une supériorité que personne ne peut malheureusement pas contester et qui est due à quelques avantages naturels qu'ils possèdent, mais surtout à l'esprit d'émulation qui règne parmi eux. Qu'il en soit donc de même parmi nous, comprenons donc enfin que nous devons produire mieux et à meilleur marché que nos rivaux, et cette supériorité aura cessé d'exister car nous avons déjà en France, bon nombre de filatures qui peuvent rivaliser avec les premiers établissements anglais.

Que chacun de nous propage donc ses connaissances sans arrière pensée; loin de nous tout égoïsme, qui en a fait jusqu'aujourd'hui la propriété de chacun, n'ayons qu'un but unique, celui d'agrandir notre belle industrie. Il y va de l'honneur national de prouver à nos voisins, que dans nos phalanges ouvrières l'intelligence ne fait pas défaut.

C'est afin d'aider mes collègues à arriver plus promptement au but, que j'offre ce petit livre, qui n'est pas, il est vrai, l'œuvre d'un savant, mais d'un ouvrier zélé qui s'est appliqué à recueillir les meilleures indications que l'on peut admettre dans la pratique, et à présenter les calculs dans leur plus grande simplicité possible.

Je donne en outre le résultat de mes observations sur le mouvement différentiel, les auteurs qui ont écrit sur la filature n'ont pas entièrement défini cette partie essentielle du mécanisme qui la compose et qui en est la plus compliquée : quelques-uns ont même attribué à la bobine une vitesse de rotation qui va en diminuant à mesure que son diamètre augmente, c'est une erreur, car dans ce cas, ce serait donc la bobine qui envelopperait dans sa rotation le ruban autour d'elle ; et je puis attester au contraire que c'est l'ailette qui l'enveloppe en même temps qu'elle le tord. Par conséquent, il est incontestable qu'à mesure que le diamètre de la bobine augmente, sa vitesse de rotation doit aussi augmenter dans des proportions convenables pour empêcher le ruban de trop flotter ou d'être tiraillé par l'ailette.

Pour bien régler cette vitesse il est indispensable de connaître le mécanisme du mouvement différentiel, l'effet qu'il produit et le calcul qui y est appliqué. Dans le cas contraire, on y arrive que par des tatonnements plus ou moins longs et rarement exacts.

Afin de rendre le calcul de ce mouvement plus intelligible à l'esprit de mes lecteurs ; j'expose dans un détail les fonctions de toutes les parties qui le compose, pour qu'ils puissent comprendre avec plus de facilité les différents effets qu'elles produisent.

Enfin, si mon œuvre, quoique médiocre, parvient à propager dans l'esprit de mes collègues les connaissances pratiques de la filature, en leur donnant le goût de l'étude, je me croirai suffisamment récompensé ; j'aurai du moins été de quelque utilité à leurs intérets particuliers et à la prospérité de notre chère industrie.

SIGNES ABRÉVIATIFS

$+$ Ce signe signifie plus et indique l'addition. *Exemple :*
5 $+$ 4 s'exprime 5 plus 4.

$-$ signifie moins. *Exemple :* 5 $-$ 3 s'exprime 5 moins 3.

$\times$ signifie multiplié par. *Exemple :* 5 $\times$ 4 s'énonce
5 multiplié par 4.

$=$ signifie égal. *Exemple :* 3 $+$ 4 $=$ 7 s'exprime 3 plus
4 égal 7.

$\pm$ signifie divisé par. *Exemple :* 15 $\pm$ 3 ou $\frac{15}{3}$ s'énonce
15 divisé par 3.

$\vdots$ signifie est à.

$::$ signifie comme.

$\vdots$, $::$, $:$ ces trois signes indiquent une proportion géo-
métrique. *Exemple :* 2 $:$ 3 $::$ 4 $:$ 6 s'énonce 2 et à 3
comme 4 et à 6.

$\sqrt{}$ signifie racine carrée. *Exemple :* $\sqrt{}$ 16 $=$ 4 s'énonce
racine carrée de 16 égale 4.

———

Le yard se divise en trois pieds anglais.

Le pied en douze pouces.

Le pouce en douze lignes.

Le yard vaut	0,914 millimètres.
Le pied.	0,305 »
Le pouce	0,0254 »
La livre anglaise vaut . . .	0,453 grammes.
L'once	0,0283 décigrammes.

FILAGE DU LIN

Principes.

Le filage du lin repose sur quatre grands principes qui en sont la base fondamentale, ce sont: le peignage, l'étirage, la décomposition et la torsion.

La première opération que le lin doit subir est le peignage, il a pour but de séparer, de débrouiller les fibres en leur donnant le parallélisme nécessaire à la formation d'un cordon continu, en outre, le peignage nettoie les mèches, en les débarrassant du tissu que le teillage peut y avoir laissé.

L'opération du peignage demande de grands soins de la part de celui qui le dirige et une connaissance parfaite des matières premières. La bonne exécution du filage dépend tout à fait de cette opération, un mauvais peignage donnera pour résultat un fil boutonneux et de qualité médiocre, et produira en outre beaucoup de déchet à la filature.

Le peignage s'exécute soit à la main ou par machines, le peignage mécanique présente un grand avantage sur celui fait à la main, surtout si on emploie de bonnes peigneuses.

Le peignage à la main présente un inconvénient incontestable, c'est que le milieu de la mèche qui est la partie principale, la plus fournie, attendu que le peigneur ne peut assez l'étaler entre le pouce et l'index est par cette raison celle qui est la moins travaillé, j'ajouterai même que l'on trouve souvent dans les mèches peignées à la main, des veines qui sont à peine effleurées, sur les côtés surtout.

Le peignage mécanique au contraire attaque le lin à fond sur toutes ses parties et le peigne avec avec plus de régularité que ne saurait le faire la main d'un homme quelqu'habile qu'il soit, au reste le peignage mécanique présente à l'industriel une grande économie de dépense pour la main d'œuvre, nécessite moins d'emplacement pour la production et donne en outre autant de qualité d'étoupes qu'il y a de sortes de peignes.

L'étoupe qui sorte des peignes est un assemblage de fibres brisées, enchevretées que l'on doit traiter d'une autre manière que nos fibres longs brins. Nous aurons donc à traiter successivement dans cet ouvrage, le filage de long brin et celui de l'étoupe.

La différence la plus marquée entre ces deux filages, consiste à faire subir à l'étoupe une espèce de peignage que l'on nomme cardage; la différence pour tout le reste, est seulement dans les dimensions et non dans la méthode.

Au sortir du peignage, le lin est porté à la filature en bottes divisées en un certain nombre de méchettes d'un poids uniforme. On étale ces méchettes sur des cuirs sans fin, placés derrière une table à étaler, la suivante recouvre la moitié de la précédente. Il est bon que l'ouvrière allonge un peu la mèche en l'étalant afin de bien déterminer l'échelonnage des fibres; ce qui produit un ruban plus régulier et qui n'a pas de solution de continuité, attendu qu'il se présente toujours à l'étireur de nouvelles fibres qui détermine le ruban à demeurer continue.

Les cuirs sans fin conduisent le cordon vers l'appareil étireur où il reçoit son premier étirage. Voici qu'elle est sa manière d'opérer.

Le cordon vient s'engager entre deux cylindres supperposés que l'on appelle *fournisseurs* parce que ce sont eux qui fournissent le cordon à l'étireur. En sortant de ces cylindres qui ont un mouvement rentrant, le cordon s'achemine vers deux autres cylindres supperposés que l'on appelle *étireurs* et qui sont aussi animés d'un mouvement en dedans. La vitesse de ces deux cylindres étant plus grande que celle des fournisseurs, ils opèrent donc un étirage ainsi que nous allons le démontrer.

L'écartement entre nos deux paires de cylindres doit être égal et même un peu plus grand que la longueur des fibres. Considérons une fibre lorsqu'elle est tout à fait dégagée d'entre les fournisseurs et par conséquent arrivée aux étireurs; n'étant plus retenue elle glissera le long des autres fibres dont le bout est encore engagé entre les fournisseurs et les laissera en arrière tout en diminuant l'épaisseur du cordon qui est par cela même allongé.

Lorsque le cordon a reçu sa première opération d'étirage il sort de la machine sous la forme d'un ruban que l'on continue d'amincir, en le faisant passer par une suite d'autres machines qui le conduisent petit à petit à la finesse qu'on désire avoir.

Les opérations préparatoires terminées, le ruban est porté sur le métier à filer, où il subit sa dernière opération d'étirage, puis la torsion, qui consiste à contourner les fibres l'une autour de l'autre, afin que tout soit solidaire dans le cordon, et c'est alors que le filage est terminé.

Afin d'obtenir des filaments complètement de même nature, on ajoute aux opérations que nous venons de décrire, une opération supplémentaire, qui consiste à décomposer les fibres en petits filaments élémentaires qui sont attachés l'un à l'autre par une matière gommo-résineuse que l'on dissout en la faisant passer dans un bac rempli d'eau chaude, l'action de l'eau froide n'étant pas assez instantanée pour dissoudre cette matière. On obtient alors des filaments qui ont l'avantage d'être parfaitement de même nature.

Le but de la torsion est comme nous l'avons dit de donner de la solidité au fil, voici comment se fait cette opération.

En sortant de l'étireur le cordon vient passer par l'extrémité d'une ailette fixée sur une broche, cette broche reçoit un mouvement de rotation qu'elle communique à l'ailette, il en résulte donc que celle-ci fait tourner le cordon sur lui même. Nous donnerons plus loin la manière de calculer cette torsion.

Numérotage.

Le numéro du fil, ou sa finesse, est le rapport entre une certaine longueur de ce fil et le poids de cette longueur ; il diffère selon les unités de longueur ou de poids que l'on emploie.

Le numérotage que l'òn se sert ordinairement est le numérotage anglais ; il exprime le nombre d'échevets nécessaire à la formation d'une livre anglaise. Ainsi une échevette du numéro 1 pèse une livre anglaise ; 20 échevettes du 20 ont le même poids et ainsi de suite.

Dévidage.

Le dévidage adopté en France est ordinairement le dévidage écossais. Les échevets ont une longueur constante de 300 yards ou 274 mètres 2 décimètres ; le périmètre du dévidoire a ordinairement 2 yards et demi, équivalant à 2 mètres 285 millimètres ou 90 pouces anglais ; 120 tours à l'ensouple du dévidoire tirent de chaque bobineau la longueur d'une échevette ; 12 échevettes forment un écheveau ; 25 écheveaux, un dévidoire, et 4 dévidoires, un paquet.

Voici la longueur de ces différentes parties d'un paquet :

	Système anglais.	Système métrique.
Une échevette . .	300 yards. . .	274^m 2
Un écheveau. . .	3600 . . .	3290 4
Un dévidoire. . .	90000 . . .	82260
Un paquet . . .	360000 . . .	329040

Le poids d'un paquet est le rapport du numéro du fil. Le poids d'un paquet des numéros anglais adopté dans le commerce est de 540 kilogrammes. Donc en divisant ce poids par le numéro qu'on veut produire, on obtiendra le poids d'un paquet de ce numéro, et en le divisant par le poids qu'on veut produire, on aura le numéro en rapport avec ce poids

Comme on se sert quelquefois du numérotage français, il est bon d'en connaître la valeur.

Le numéro français désigne le nombre de kilomètres nécessaire pour former un poids de 0,500 grammes, deux mille mètres du numéro 2 ont le même poids et ainsi de suite.

Pour trouver le numéro français correspondant à un numéro anglais, il suffit de multiplier ce dernier par 0,3.

En effet, soit une échevette du numéro 1 anglais, son poids étant de 0,453 grammes pour une longueur de 274 mètres 2 décimètres, un mètre du même fil aura un poids

de $\dfrac{453}{274,2}$, le poids de mille mètres sera donc de

$$\frac{453 \times 1000}{274,2} = 1 \text{ k. } 652 \text{ grammes.}$$

D'après le principe que nous venons de donner, si on divise 0,500 grammes poids d'un kilomètre de fil du numéro 1 français par le poids de 1,000 mètres du numéro 1 anglais, on aura le numéro français correspondant, donc

$$\frac{0,500}{1,652} = 0,3$$

Le tableau suivant contient les numéros anglais les plus usités, ayant en regard leur numéro français correspondant et les poids du paquet adoptés dans le commerce :

TABLE

des numéros Anglais avec les numéros Français correspondants en regard et poids du paquet, adoptés dans le commerce.

NUMÉROS Anglais	NUMÉROS Français correspondant	POIDS du paquet	NUMÉROS Anglais	NUMÉROS Français correspondant	POIDS du paquet
1	0.3	540	28	8.4	20
2	0.6	270	30	9 »	18
3	0.9	180	35	10.5	16
4	1.2	135	40	12	14
5	1.5	108	45	13.5	12
6	1.8	90	50	15 »	11
7	2.1	78	55	16.5	10
8	2.4	68	60	18 »	9
10	3 »	55	70	21	8
12	3.6	45	80	24	7
14	4.2	38.5	90	27	6
16	4.8	34	100	30	5.5
18	5.4	31	110	33	5 »
20	6 »	28	120	36	4.5
22	6.6	25	140	42	4 »
25	7.5	22	160	48	3.5

Calcul du Filage.

Le calcul du filage consiste à déterminer d'abord la vitesse des différentes parties des machines qui le composent : l'étirage, la production et la torsion.

Pour opérer ces calculs, il faut se baser sur deux principes, qui en sont la règle générale.

Le premier, si on veut connaître la vitesse que recevra une poulie commandée par une autre, il faut multiplier la vitesse par minute de la poulie commandeur par son diamètre, et diviser ce produit par le diamètre de la poulie commandée, le quotient donnera sa vitesse.

Exemple : Une poulie ayant un diamètre de 0,90 centimètres, marche à une vitesse de 120 tours par minute, et commande, au moyen d'une courroie, une seconde poulie dont le diamètre est de 0,30 centimètres, quelle sera sa vitesse?

$$\frac{120 \times 0,90}{0,30} = 360 \text{ tours.}$$

Le second, si on veut connaître la vitesse d'une roue commandée par un pignon, il faut multiplier le nombre de dents du pignon commandeur par sa vitesse, et diviser ce produit par le nombre de dents de la roue commandée, le quotient sera sa vitesse.

Exemple : Un pignon de 24 dents ayant une vitesse de 60 tours par minute, commande une roue qui a 120 dents sur son cercle, quelle sera sa vitesse?

$$\frac{24 \times 60}{120} = 12 \text{ tours.}$$

Je ferai remarquer qu'il y a deux sortes d'engrenages :

les pignons et les roues. On appelle pignon un engrenage qui n'est commandé par les dents d'aucun autre engrenage, et qui reçoit son mouvement d'un axe sur lequel il est posé ; et roue, un engrenage qui est commandé directement par les dents d'un pignon, quand même ce pignon se servirait d'un ou de plusieurs intermédiaires pour transmettre le mouvement à la roue; ces intermédiaires sont nuls dans le calcul ; c'est comme si les dents du pignon engrenaient directement avec celles de la roue.

Si on veut déterminer le diamètre que doit avoir une poulie commandée, pour marcher à une certaine vitesse, il faut multiplier la vitesse de la poulie commandeur par son diamètre, et diviser ce produit par la vitesse qu'on veut obtenir.

Exemple : Un arbre de transmission marchant à une vitesse de 115 tours par minute, porte une poulie commandeur mesurant 1^{m}02 de diamètre, quel sera celui de la commandée si elle doit marcher à une vitesse de 391 tours ?

$$\frac{115 \times 1,02}{391} = 0,30 \text{ diam. de la commandée.}$$

Une autre manière consiste à diviser la vitesse la plus grande par la plus petite ; le diamètre de la poulie commandeur divisé par le quotient obtenu, donnera le diamètre de la poulie commandée.

Soit l'exemple précédent : Nous avons 391 tours, vitesse la plus grande, et 115 la plus petite, donc le quotient de 391 divisé par 115, servira de diviseur au diamètre de la poulie commandeur. *Exemple :*

$$\frac{391}{115} = 3,4 \quad \frac{1,0}{3,4} = 0,30 \text{ commandée.}$$

Quand on veut changer de vitesse, il faut changer le diamètre de l'une ou de l'autre poulie; on opère par une proportion.

Règle : La vitesse demandée est à la vitesse trouvée comme le diamètre donné est au diamètre cherché.

Il suffit donc de multiplier la vitesse trouvée par le diamètre donné, et diviser ensuite par la vitesse demandée.

Exemple : Si, avec une poulie de 0,30 centimètres de diamètre, on obtient une vitesse de 391 tours, quelle poulie sera-t-il exigée pour obtenir 293,25 ?

$$\frac{0,30 \times 391}{293,25} = 0,40, \text{ diamètre exigé.}$$

On opère de la même manière pour les engrenages ; la seule différence est qu'au lieu de diamètre, on compte le nombre de dents. Un exemple suffira pour le comprendre.

Si, avec un pignon de 48 dents, je fais marcher une roue à une vitesse de 36 tours par minute, quel pignon sera-t-il exigé pour obtenir 24 tours ?

Règle : La vitesse trouvée est au pignon donné comme la vitesse demandée est au pignon cherché.

Il faut donc multiplier le pignon donné par la vitesse demandée, et diviser ce produit par la vitesse **trouvée** :

$$\text{Exemple :} \qquad \frac{48 \times 24}{36} = 32 \text{ dents.}$$

Développement.

On appelle développement la longueur que débite une poulie ou un cylindre dans une unité de temps ; pour plus de facilité dans le calcul, on adopte pour unité de temps une minute.

Le développement est égal à la circonférence multipliée par la vitesse.

La circonférence est égale au diamètre multiplié par 3,1416, ou bien encore, ce qui diffère peu en résultat, multiplié par 22 et divisé par 7.

Supposons que la vitesse d'une poulie soit de 400 tours par minute et son diamètre 0,30 centimètres, quel sera son développement ?

$$1^{er} \text{ exemple :} \quad 400 \times 30 \times 3{,}1416 = 376{,}99.$$

$$2^{e} \text{ exemple :} \quad \frac{500 \times 0{,}30 \times 22}{7} = 377 \text{ mètres.}$$

Du Moteur.

Un moteur à vapeur est indispensable pour la bonne marche d'une filature. Il communique le mouvement aux arbres de couche ou transmissions, qui ont en face de chaque métier une poulie qui en commande une autre placée sur l'arbre moteur du métier et que l'on nomme poulie de commande.

Pour calculer la vitesse reçue par cette poulie et celle qu'elle transmet au métier, il faut d'abord connaître le nombre de coups de piston que le moteur donne par minute, multiplier ce nombre de coups de piston par tous les commandeurs pour servir de dividende, faire ensuite le produit de tous les commandés pour servir de diviseur, le quotient donnera la vitesse par minute de la poulie de commande du métier.

Exemple : Une machine donne 17 coups de piston par minute et porte sur l'axe de sa manivelle une roue ayant sur son cercle 352 dents, laquelle commande un pignon de 52 dents, fixé sur l'axe de l'arbre de transmission, qui porte, en face de chaque métier, une poulie ayant un diamètre que je suppose être de 1 mètre 5 centimètres ; cette poulie commande à son tour, au moyen d'une courroie, la poulie de commande du métier, dont le diamètre est, je suppose, de 0,30 centimètres, quelle sera sa vitesse ?

$$\begin{matrix} \text{Commandeurs} \\ \text{Commandés} \end{matrix} \quad \frac{17 \times 352 \times 1,05}{52 \times 0,30} = 402 \text{ tours.}$$

La vitesse de la poulie de commande du métier étant de 402 tours par minute, quelle sera la vitesse des broches, si l'arbre sur lequel elle est fixée porte un tambour ayant un diamètre de 0,225 millimètres, commandant, au moyen de cordes, les broches du métier dont la noix a un diamètre de 0,031 millimètres?

$$\text{Commandeurs} \quad \frac{402 \times 0,225}{0,031} = 2917$$

En pratique on ne fait qu'une seule opération des deux que je viens de démontrer, en multipliant le nombre de coups de piston par tous les commandeurs pour dividende et ensuite le produit de tous les commandés pour diviseur.

Exemple :

$$\frac{\text{commandeurs} \quad 17 \times 352 \times 1,05 \times 0,225}{\text{commandés} \quad 52 \times 0,30 \times 0,031} = 2923 \text{ vitesse des broches.}$$

Je ferai remarquer, que l'on peut déduire à cette vitesse de trois à quatre pour cent, perte occasionnée par le glissement des cordes et de la courroie.

PRÉPARATION DU LIN

Étaleuse.

Au sortir du peignage, le lin vient se travailler sur cette machine, dans le but de former un cordon continu et de le régulariser, lorsqu'il sort de l'appareil étireur.

On étale les mèchettes en les échelonnant les unes à la suite des autres, sur des cuirs sans fin placés sur une table derrière cette machine, ces cuirs sans fin conduisent le cordon qu'on vient de former vers deux rouleaux que l'on nomme *fournisseurs*; celui de dessus exerce une pression sur celui de dessous, par des poids qui agissent au moyen de leviers. Cette pression force le cordon à suivre le mouvement des cylindres et contribue à l'union des mèchettes.

En sortant des cylindres fournisseurs, les cordons s'acheminent vers les étireurs, celui de dessus en bois est également pressé sur celui de dessous par des poids agissant au moyen de leviers ; l'écartement entre ces deux paires de cylindres doit être au moins égal à la longueur des fibres, afin qu'aucune d'elles ne puisse jamais être à la fois entre les étireurs et les fournisseurs, ce qui les rompraient.

Une série de *gills* ou petits peignes saisissent les cordons à leur sortie des fournisseurs et les conduisent vers les étireurs ; chaque gil mène un cordon, et leur but est de maintenir le parallélisme des fibres pendant leur marche et d'aider à obtenir un étirage plus régulier, en séparant bien les fibres.

En sortant des étireurs, les cordons sont très épanouis en forme de nappe ; pour leur donner de la liaison ; on les fait passer entre deux autres cylindres que l'on nomme *lamineurs* ou *débiteurs*, parce que ce sont eux qui débitent la longueur que l'on doit recevoir dans un pot. (*Cette longueur demeure toujours constante.*) Afin de régulariser ces cordons on les dispose de manière qu'ils se réunissent en un seul en passant dans les cylindres lamineurs ; ce qui compense les endroits trop forts, et donne en même temps plus de consistance aux cordons, qui ne forment plus qu'un seul ruban.

Il y a en outre sur le devant de cette machine un compteur, qui indique par un coup de sonnette qu'une certaine longueur est débitée ; l'ouvrière retire alors vivement le pot et le remplace par un vide.

J'ajouterai pour terminer que les gills marchent un peu plus vite que les cordons entre les fournisseurs, afin de bien déterminer ces cordons à s'acheminer vers les étireurs.

On donne ordinairement un vingtième plus de débit aux lamineurs qu'aux étireurs, afin d'empêcher les cordons de flotter.

Nous allons maintenant nous occuper du calcul de l'étirage de cette machine et de sa production. Commençons d'abord par déterminer ce que l'on entend par *étirage*.

Définition de l'étirage.

Je suppose un ruban qui après avoir passé entre deux premiers cylindres, vienne ensuite passer entre deux seconds; le ruban recevant une pression à son passage dans les cylindres sera entrainé dans le mouvement de chacun d'eux qui développeront à chaque tours qu'ils feront, une longueur égale à leur circonférence. Supposons que du cylindre fournisseur il sorte 6 mètres en une minute et qu'il en sorte 36 du cylindre étireur dans le même temps; le ruban sera alors étiré, allongé, de 6 fois. C'est ce qu'on appelle un étirage de 6, qui n'est autre chose que le rapport entre 36 et 6, c'est-à-dire entre les débits des deux cylindres.

En pratique, on se dispense d'introduire dans le calcul, le débit et la vitesse, en se servant d'une méthode qui consiste à multiplier le diamètre du cylindre éti- reur par le produit de tous les commandés pour former le dividende, on fait ensuite la somme des commandeurs qui étant multiplié par le diamètre du cylindre fournis- seur formera le diviseur, le quotient obtenu sera l'étirage de la machine.

Exemple : Quel sera l'étirage d'une étaleuse, si son cylindre étireur a un diamètre de 0,127 millimètres avec un pignon de 24 dents, commandant au moyen d'inter- médiaires une roue variable qui en a 46, laquelle est fixée sur un arbre qui traverse le métier et porte à l'extrémité opposé à la roue de 46 dents, un pignon qui en a 20 et commande à son tour une roue tête de cheval de 72 dents, qui porte sur sa douille un pignon qui en a 29 comman- dant une seconde roue de 72 dents fixée sur l'axe du cylindre fournisseur dont le diamètre est de 0,077 mil- limètres ?

$$\frac{\text{commandés} \quad 46 \times 72 \times 72 \times 0{,}127}{\text{commandeurs} \quad 24 \times 20 \times 29 \times 0{,}077} = 28{,}2 \text{ étirage.}$$

Pour faciliter ce calcul on peut abréger ces sortes d'o- pérations en examinant si parmi les nombres qui forment le dividende, il n'en existent pas qui puissent contenir une ou plusieurs fois le diviseur.

Je trouve donc qu'en 72, 24 est contenue 3 fois, j'efface le chiffre 24 et je pose 3 au-dessus du chiffre 72 que j'efface à son tour. Je passe ensuite aux chiffres 20 et 46 et je dis : la moitié de 46 est 23 et la moitié de 20 est 10, je pose 23 au-dessus du chiffre 46 que j'efface, je prends ensuite la moitié de mon dernier chiffre 72 qui est 36, j'efface 72 et je pose 36 au-dessus, puis enfin je prends la moitié de 10 qui est 5 que je pose au-dessous du chiffre 20, après l'avoir effacé, 23, 3, 36 et 0,127 qui forment le dividende n'étant plus divisibles par 5, 29 et 0,077 qui forment le diviseur, j'effectue l'opération et je trouve comme précédemment 8, 2 pour l'étirage.

$$Exemple : \frac{23 \times 3 \times 36 \times 0,127}{5 \times 29 \times 0,0,77} = 8,2$$

Cette manière d'opérer demande moins de temps et s'emploie avantageusement dans la pratique.

Afin que le lecteur comprenne exactement l'opération qui produit l'étirage, je vais donner une démonstration qui peut s'appliquer à toutes les machines.

Supposons une polie de 0,90 centimètres fixée sur l'arbre de transmission et marchant à une vitesse de 115 tours par minute, le diamètre de la poulie de commande du métier étant de 0,35 centimètres, d'après le principe en vitesse sera de

$$\frac{115 \times 0,90}{0,35} = 295,7$$

Supposons que sur l'arbre de la poulie de commande on place un pignon de 42 dents commandant une roue qui en a 120 et qui est fixée sur l'axe de l'étireur, sa vitesse sera donc de

$$\frac{295,7 \times 42}{120} = 103,5$$

La vitesse par minute du cylindre étireur étant de 103 tours 5 dixièmes, et son diamètre 0,127 millimètres, son développement ou débit sera donc de $103,5 \times 0,127 \times 3,1416 = 41$ mètres, 29 centimètres.

L'étireur transmet le mouvement au fournisseur au moyen d'un pignon de 24 dents fixé sur son axe, ce pignon commande par deux intermédiaires une roue de 46 dents fixée sur l'arbre de commande des vis. Cette roue est variable et permet de varier l'étirage de la machine. Pour en connaître la vitesse, on multiplie la vitesse du cylindre étireur par le pignon fixé sur son axe et on divise le produit par le nombre de dents de la roue variable. La vitesse de cette roue sera donc de

$$\frac{103,5 \times 24}{46}$$

L'axe de cette roue traverse le métier et porte du côté opposé un pignon de 20 dents commandant une roue tête de cheval qui en a 72, la vitesse de cette roue sera de

$$\frac{103,5 \times 24 \times 20}{46 \times 72}$$

Sur la douille de cette roue un pignon de 29 dents commande à son tour une seconde roue de 72 dents fixée sur l'axe du cylindre fournisseur, sa vitesse sera donc enfin de

$$\frac{103,5 \times 24 \times 20 \times 29}{46 \times 72 \times 72} = 6 \text{ tours } 04 \text{ centièmes}$$

Le diamètre de ce cylindre étant de 0,077 millimètres, son débit sera de $6,04 \times 0,077 \times 3,1416 = 1,46$.

L'étirage de la machine étant le rapport entre le débit des deux cylindres, il suffit donc de diviser le débit de l'étireur par celui du fournisseur, le quotient sera l'étirage.

$$\frac{\text{Débit de l'étireur} \quad 41,29}{\text{Débit du fournisseur} \quad 1,46} = 28,2 \text{ étirage.}$$

Calcul du compteur.

La machine est disposée de manière à indiquer la longueur reçue dans un pot, à chaque coup de sonnette. Le mouvement se produit par une vis sans fin fixée à l'extrêmité du rouleau débiteur et commandant une roue que je suppose être de 38 dents. Celle-ci commande à son tour par une seconde vis sans fin fixée à son centre, la roue qui agite la sonnette et que je suppose être de

51 dents. Prenons pour le diamètre du rouleau débiteur 0,075 millimètres.

Pour trouver la longueur marquée par la sonnette, il faut multiplier le nombre de dents de la roue commandée par la première vis sans fin, par le nombre de dents de la roue qui agite la sonnette et multiplier ce produit par la circonférence du rouleau débiteur.

En effet, considérons la vis sans fin fixée à l'extrémité du rouleau débiteur, comme un pignon d'une dent, si elle commande une roue de 38 dents, il faudra que le rouleau débiteur fasse 58 tours pour que cette roue en fasse un, au centre de cette roue une seconde vis sans fin commande une roue qui a 51 dents, il faudra donc que la roue de 38 dents, fasse elle-même 51 tours pour que la roue qui agite la sonnette en fasse un, il s'en suivra qu'à chaque coup de sonnette le rouleau débiteur fera $38 \times 51 = 1938$ tours.

Son diamètre étant de 0,075 millimètres, la longueur sortie sera donc de

$$1938 \times 0,075 \times 3,1146 = 456^m, 6.$$

La roue à sonnette a quelquefois deux taquets, dans dans ce cas, on prendrait la moitié du nombre que nous venons de trouver et on aurait pour la longueur constante reçue dans un pot 228 mètres 3 décimètres.

Pour s'assurer si l'étalage a été bien exécuté, on pèse

les pots , et on a soin de faire remarquer à l'ouvrière les variations qui se produisent afin de l'engager à bien régulariser sa main.

La longueur reçue dans les pots demeure constante et sert à former les assortiments qui doivent produire le fil au poids exigé pour son numéro.

Calcul de la vitesse des Gills.

Pour connaître la vitesse des Gills, il faut d'abord chercher celle des vis. Elle se trouve en multipliant la vitesse du cylindre étireur par le produit de tous les commandeurs pour servir de dividende , on fait ensuite la somme des commandés pour diviser.

Exemple : Un cylindre étireur marche à une vitesse de 103 tours 5 dixièmes par minute avec un pignon de 24 dents sur son axe, commandant par intermédiaire une roue variable de 46 dents fixée sur l'arbre de commande des vis. Supposons qu'à chacune des extrémités de cet arbre qui traverse la machine , on place un pignon de 30 dents commandant une roue d'angle qui en a 20 et qui est placée sur l'une de celle des deux vis qui mène l'autre, quelle sera la vitesse de cette dernière ?

$$\text{Commandeurs} \atop \text{Commandés} \quad \frac{03,5 \times 24 \times 30}{46 \times 20} = 81 \text{ tours.}$$

Or, la vis à chaque tour qu'elle fait, les barrettes porte-gills avancent de la largeur d'une barrette, car à chaque tour de la vis, il monte et descend une barrette. Soit 0,590 millimètres la longueur de la vis et 31 le nombre de barrettes qu'elle porte, la largeur d'une barrette sera donc de 0,590 $+$ 31 $=$ 0,019. Il s'ensuit que si la vis fait 81 tours le chemin parcouru par une barrette sera de 81 $\times$ 0,019 $=$ 1^m,539 millimètres. Ce chemin parcouru par les barrettes est toujours un peu plus grand que celui que parcourt dans le même temps un point pris sur la circonférence du cylindre fournisseur.

Calcul de la Pression.

La pression se communique au moyen de levier, pour trouver la pression exercée sur un cylindre, il faut multiplier la longueur du levier par le poids suspendu au bout, et diviser ce produit par la distance du point d'appui au point de pression.

Exemple : Un levier agissant sur le cylindre fournisseur a un poids de 13 kilogs, suspendu à 0,30 centimètres du point d'appui, quelle sera la pression exercée si la distance du point d'appui au point de pression est de 0,05 centimètres ?

$$\frac{0,30 \times 13}{0,05} = 78 \text{ kilogs de pression}$$

Si on veut connaître le poids que l'on doit mettre au bout d'un levier pour équilibrer une certaine pression , il suffit de retourner la règle précédente en multipilant le poids que l'on veut exercer par la distance du point d'appui au point de pression et en divisant ce produit par la longueur du levier à partir du point d'appui ; le quotient donnera le poids que l'on doit suspendre au bout.

Exemple : Quel sera le poids qui devra équilibrer une pression de 78 kilogs, si la distance du point d'appui au point de pression est de 0 ,05 centimètres et la longueur du levier à partir du point d'appui 0 ,30 centimètres ?

$$\frac{78 \times 0,05}{0,30} = 13 \text{ kilog}$$

Production en longueur.

Nous avons démontré que le cylindre étireur débitait en une minute 41 mètres 29 centimètres, en une heure nous aurons 60 fois cette expression , ou $41,29 \times 60$, en un jour, si on travaille 12 heures, nous aurons $41,29 \times 60 \times 12 = 29,728$ mètres, 8 débités. Cette longueur n'est que théorique; en pratique, on peut oéduire 15 0/0 pour les arrêts de toute nature et les nettoyages; déduire 15 0/0, revient à multiplier le nombre que nous venons de trouver par 0,85; nous aurons donc pratiquement une longueur de $29728,8 \times 085 = 25268$ mètres 8.

En supposant que la longneur débitée par la sonnette soit de 228 mètres 3 décimètres, le nombre de pots débités dans un jour sera de $\dfrac{25268,8}{228,3} = 110$.

Production en poids.

Nous venons de voir le nombre de pots débités en un jour. Or, pour connaître le poids d'un pot, il faut multiplier le poids de la charge par mètre que l'on étale sur les cuirs sans fin par la longueur débitée en un coup de sonnette, et diviser ensuite le produit par l'étirage de la machine.

Je suppose, pour exemple, que la machine ait quatre cuirs sans fin, ayant sur chacun d'eux une charge de 0,175 grammes par mètre, la longueur débitée en un coup de sonnette étant de 228 mètres 3 décimètres, le poids d'un pot sera de

$$\frac{0,175 \times 228,3}{28,2} = 5 \text{ kilog. } 6.$$

Le nombre de pots débités en un jour étant de 110, le poids produit sera donc pratiquement de

$$110 \times 5,6 = 616 \text{ kilogs.}$$

Étirages

Ces machines sont semblables à l'étaleuse, hors la table qui y est supprimée, leur but est d'amincir, d'allonger le ruban qu'on a formé à l'étaleuse et de le régulariser par les doublages qui ne sont autre chose que les assortiments que l'on place derrière ces machines.

Les étirages que l'on emploie à la préparation se divisent en 1er, 2e et 3e étirage.

Le premier étirage ayant à travailler des rubans moins réguliers et dont le parallélisme est moins parfait que ceux qu'il produit lui-même, nécessite pour cette raison une construction plus solide que les autres. Les gills sont plus larges et les aiguilles sont plus fortes et moins serrées qu'aux deuxième et troisième étirages.

Pour le lin long chaque tête d'étirage a ordinairement quatre rangs de peignes, chaque rang mène un ruban aux étireurs, et les quatre rubans se réunissent en un seul par devant la machine, l'étirage varie de 14 à 20.

Pour les lins coupés, chaque tête a ordinairement 7 rubans et quelquefois 8 pour les numéros au-dessus de 100. Pour le lin coupé en deux, l'étirage varie de 8 à 16, et pour le lin coupé en trois et quatre parties, de 8 à 12.

Le deuxième étirage a souvent 6 rubans par tête pour le lin long et 8 pour le lin coupé.

Le troisième étirage a pour le lin long, de 6 à 8 rubans par tête, et pour le lin coupé de 8 à 12.

L'étirage que l'on donne au 2e et 3e étirage doit toujours être inférieur à celui du premier.

Doublages

Le doublage est le nombre de rubans que l'on porte derrière les étirages et qui servent à n'en former qu'un seul par devant la machine, il se compose donc d'autant de doublages que l'on a employé de rubans pour le produire ; si on a employé 12 rubans, ce sera ce qu'on appelle un doublage de 12, si on étire 16 à la machine, le poids du ruban sortant sera égal au poids de l'un des douze rubans qui l'ont produit multiplié par les 12 rubans eux-mêmes et divisé par l'étirage de la machine, ou encore au poids total de 12 rubans divisé par l'étirage.

Exemple : Si les 12 rubans placés derrière l'étirage ont pour chacun un poids de 5 kilogs 625 grammes pour une longueur déterminée et que l'étirage soit de 16. Quel sera le poids du ruban sortant par devant la machine ?

$$\frac{5,625 \times 12}{16} = 4,218 \text{ poids sortant.}$$

Les 12 rubans ayant un poids total de 67 kilogs 500

grammes, étant étirés de 16, quel sera le poids qu'ils produiront ?

$$\frac{67,500}{16} = 4,218.$$

On opère de la même manière pour tous les doublages.

Il est important d'observer qu'il ne faut pas trop charger les gills des métiers à étirages. Il est bon de produire le plus que possible, mais jusqu'à une certaine limite. On reconnaît qu'uné machine est trop chargée, lorsque les fibres dépassent la tête des aiguilles. Le ruban produit avec cette charge sera irrégulier, défectueux et ne produira, même avec des matières de qualité supérieure, que du fil de qualité médiocre qui subira de fréquentes variations dans le poids qu'il doit avoir pour son numéro. On doit donc éviter cet inconvénient avec soin en ne faisant produire à la machine que la quantité qu'elle peut convenablement donner.

La méthode que l'on emploie pour calculer l'étirage à ces machines est exactement la même que pour la table à étaler. Cependant j'observerai qu'il y a des métiers où le pignon de rechange est fixé sur l'axe de l'étireur et d'autres sur l'arbre de derrière. Dans les deux cas les effets produits par ce pignon sur l'étirage ne sont pas les mêmes.

En-effet, si le pignon de rechange est sur l'étireur, l'étirage est d'autant plus grand que ce pignon est plus petit, quelle que soit la disposition de la machine.

Si le pignon fixé sur l'axe de l'étireur transmet directement le mouvement au fournisseur, la vitesse de ce dernier diminue d'autant plus que ce pignon est petit, et comme dans ce cas la vitesse de l'étireur demeure toujours la même, l'étirage devient d'autant plus grand.

Si au contraire les cylindres étireurs et fournisseurs reçoivent directement leur mouvement des dents du pignon fixé sur l'axe de la poulie de commande du métier, la vitesse de l'étireur devient d'autant plus grande que son pignon est plus petit, pendant que par cette disposition celle du fournisseur ne change pas. L'étirage augmente donc dans les mêmes proportions que dans le cas précédent.

Lorsque le pignon de rechange est fixé sur l'arbre de derrière, l'étirage va en diminuant à mesure que l'on réduit le nombre de dents de ce pignon.

En effet, le pignon fixé sur l'arbre de derrière transmet directement le mouvement au fournisseur, plus son nombre de dents devient petit, plus sa vitesse devient grande et augmente dans les mêmes proportions celle du cylindre qu'il commande; il s'en suit que le cylindre étireur marchant toujours à une même vitesse, l'étirage devient par cette raison d'autant plus petit.

En donnant un exemple on comprendra mieux la différence entre ces deux dispositions.

Un métier a sur son étireur un pignon de rechange de 48 dents commandant une roue fixée sur l'arbre de derrière qui en a 64, l'arbre de cette roue traverse le métier et porte du côté opposé un pignon de 25 dents commandant une roue (tête de cheval) qui en a 72, sur la douille de cette roue, un second pignon de 28 dents commande à son tour une roue qui en a 72 et qui est fixée sur l'axe du cylindre fournisseur. Quel sera l'étirage de la machine si le diamètre de l'étireur est de 0,100 millimètres et celui du fournisseur 0,050 ?

$$\text{Commandés} \quad \frac{64 \times 72 \times 72 \times 0,100}{48 \times 25 \times 28 \times 0,050} = 19,7 \text{ d'étirage.}$$
$$\text{Commandeurs}$$

Si on veut avoir un étirage plus grand il faut mettre un pignon plus petit, alors il faut réduire le pignon de 48 dents.

Si la roue de 64 dents fixée sur l'arbre de derrière était le pignon de rechange, il faudrait, si on voulait diminuer l'étirage, mettre un pignon plus petit et pour l'augmenter mettre un pignon plus grand.

Pour calculer facilement les changements d'étirage on peut se servir d'un nombre constant. Voici quelle est la manière de le trouver. Lorsque le pignon de rechange est sur l'étireur on multiplie ce pignon par l'étirage trouvé, le produit sera le nombre constant.

Exemple : Quel sera le nombre constant pour le métier mentionné ci-dessus, l'étirage étant 19,7 et le pignon de rechange 48 dents ?

$$19,7 \times 48 = 945,6$$

Si le nombre 945,6 est le nombre constant pour un métier, de quel pignon faudra-t-il se servir, pour produire un étirage de 15.

$$\frac{945,6}{15} = 63 \text{ dents.}$$

Si le pignon de rechange est sur l'arbre de derrière, on divise le nombre de dents de ce pignon par l'étirage trouvé, le quotient sera le nombre constant.

Exemple : Un métier fonctionne avec un pignon de 64 dents fixé sur l'arbre de derrière, quel sera le nombre constant si l'étirage est 19,7.

$$\frac{64}{19,7} = 3,248 \text{ nombre constant.}$$

Si 3,248 est le nombre constant pour un métier, de quel pignon faudra-t-il se servir pour obtenir un étirage de 17,5 ?

$$3,248 \times 17,5 = 57 \text{ dents.}$$

Comme on le voit, dans le premier cas, lorsque le pignon de rechange est sur l'étireur, on divise le nombre constant par l'étirage, le quotient donne le pignon.

Dans le second cas, lorsque le pignon de rechange est sur l'arbre de derrière, on multiplie le nombre constant par l'étirage qu'on veut donner, le produit donne le pignon.

En résumé, on change l'étirage d'une machine quelconque par une proportion.

Exemple : Si une machine étire 17,5 avec un pignon de 57 dents fixé sur l'arbre de derrière, quel pignon sera-t-il exigé pour étirer 15 ?

Je raisonne ainsi : pour étirer moins, il me faut moins de dents, c'est donc une proportion directe. Pour ne pas s'écarter de la nature de l'inconnu, il y a un moyen bien simple, il consiste à poser le plus petit nombre de chaque terme en avant du plus grand. Donc, dans l'exemple ci-dessus, l'étirage trouvé 17,5 est au pignon donné 57, comme l'étirage demandé 15 est au pignon cherché que l'on représente par x qui exprime l'inconnu. On dispose ensuite l'opération comme il suit :

$$17,5 : 57 :: 15 : x.$$

Toute proportion est donc composée de quatre termes, le premier et le dernier sont nommés extrêmes, le deuxième et le troisième sont nommés moyens.

Lorsque le terme inconnu représenté par x est à l'extrémité de droite ou de gauche, on fait le produit des moyens et on le divise par l'extrème connu.

Lorsque le terme inconnu est aux moyens, on fait le produit des extrèmes et on le divise par le moyen connu.

Pour qu'une proportion soit faite exactement il faut que le produit des extrèmes soit égal à celui des moyens.

Dans l'exemple qui précède le terme inconnu est aux extrêmes ; je fais donc le produit des moyens 57 et 15 et je le divise par l'extrême connu qui est 17,5

Exemple :

$$\frac{57 \times 15}{17,5} = 48 \text{ dents.} + \frac{150}{175}$$

Pour s'assurer l'exactitude de cette proportion, on examine si le même rapport existe entre les quatre termes, en faisant le produit des extrêmes plus le reste de la division, il doit être égal à celui des moyens.

Produit des extrêmes : $17,5 + 48 = 840 + 150 = 855$

Produit des moyens : $57 \times 15 = 855.$

Ce qui établit que la proportion est exacte.

Lorsque le pignon de rechange est fixé sur l'étireur, l'opération est différente et devient inverse. En effet pour étirer moins il faut un plus grand pignon, c'est donc l'inverse de l'opération précédente.

Exemple : Si un métier étire 19,7 avec un pignon de 48 dents fixé sur son étireur, quel pignon sera-t-il exigé pour étirer 16 ?

D'après la formule que nous avons donné, l'étirage le plus petit, 16, est au plus grand 19,7 comme le pignon le plus petit 48, est au pignon que nous cherchons.

Solution : $16 : 19,7 :: 48 : x.$

Je multiplie donc les deux moyens et je divise le produit par l'extrême connu.

Exemple :

$$\frac{19,7 \times 48}{16} = 59 \text{ dents.}$$

Je me suis écarté un moment de mon sujet pour faire cette démonstration afin que le lecteur qui n'est pas au courant de ces sortes d'opérations, puisse s'y familiariser ; il est important de les connaître, attendu qu'elles sont très usitées dans les calculs du filage.

Production.

La production en longueur est égale à la circonférence du cylindre étireur multiplié par sa vitesse.

Elle est égale pour le poids à la longueur que ce cylindre développe multiplié par le poids total des rubans derrière la machine et divisé par la longueur de ces rubans, multiplié elle-même par l'étirage.

Exemple : Un assortiment ou la réunion d'un certain nombre de rubans ayant un poids total de 67 kilogs 500 grammes est porté derrière un 1er étirage où il est étiré de 16. Quel sera le poids produit si le cylindre étireur développe 27 mètres 5 décimètres en une minute et que la longueur totale des rubans qui forment l'assortiment soit de 228 mètres 3 décimètres ?

$$\frac{27,5 \times 67,5}{228,3 \times 16} = 0,508 \text{ grammes par minute.}$$

Rapport entre les Machines.

Pour qu'une machine soit en rapport avec celle qui l'alimente, il faut que la quantité de matière absorbée par elle dans un temps donné, soit inférieure au débit de la machine qui doit l'alimenter.

La manière de faire ce calcul diffère selon la méthode que l'on emploie, le résultat est le même.

Si le pignon de rechange et sur l'étireur il ne produit pas d'effet sur le fournisseur, la vitesse de ce dernier ne change pas ; il s'en suit qu'en étirant peu ou beaucoup, la quantité de matière absorbée par la machine reste invariable.

En effet, nous avons démontré que par cette disposition, le pignon fixé sur l'axe de la poulie de commande du métier, donne directement le mouvement à l'étireur et à la roue fixée sur l'arbre de derrière, et comme on ne change pas cette roue, la vitesse du cylindre fournisseur qu'elle commande demeure toujours la même, **quelle** que soit celle de l'étireur qui augmente ou qui diminue l'étirage à volonté tout en absorbant la même quantité de matière.

Donc pour que nos deux machines soient en rapport

entre elles, il faut que le développement du cylindre fournisseur de la machine à alimenter multiplié par le nombre
de rubans derrière cette machine, soit inférieur au développement du cylindre étireur de la machine qui alimente,
multiplié lui-même par le nombre d'assortiment.

Exemple : Une étaleuse développant 41 mètres 29
centimètres par minute, produit un assortiment pour un
premier étirage dont le cylindre fournisseur développe
1 mètre 7 décimètres, le nombre de rubans derrière cette
machine étant de 24 pour deux têtes d'étirage, quelle sera
la longueur absorbée.

$$1,7 \times 24 = 40 \text{ mètres } 8 \text{ décimètres.}$$

Ce qui établit que la machine à alimenter n'aura pas à
souffrir, puisqu'elle reçoit plus qu'elle n'absorde.

Une autre méthode consiste à multiplier le développement du cylindre étireur de la machine à alimenter, par
le doublage derrière cette machine et par le nombre d'assortiments qu'elle fournit, ce dernier produit divisé par
l'étirage donnera au quotient la longueur absorbée qui devra
être inférieure au développement de celle qui l'alimente.

Exemple : Une machine développant 41 mètres 29
centimètres par minute, doit alimenter un premier éti-
tirage devant produire 2 assortiments pour un second
avec un doublage de 12 pour chacun, quelle longueur
absorbera-t-il si son étirage est 17,5 et son développement 29 mètres 84 centimètres

$$\frac{2 \times 12 \times 29,84}{17,5} = 40,92.$$

La longueur absorbée étant de 40 mètres 92 centimètres, je la compare avec celle de la machine qui alimente qui est de 41 mètres 29, ce qui démontre que nos deux machines sont en rapport entre elles.

Si on veut connaître le nombre de rubans qu'une machine fournira à une autre, il faut multiplier le développement du cylindre étireur de la machine qui fournit les rubans, par l'étirage de celle qui les reçoit, et diviser ensuite ce produit par le développement du cylindre étireur de cette seconde machine, on obtiendra au quotient le nombre de rubans fournis.

Exemple : Combien de rubans une étaleuse fournira-t-elle pour un premier étirage, le développement de son étireur étant de 41 mètres 29 centimètres, celui de l'étireur du 1er étirage étant de 29 mètres 84 centimètres et l'étirage 17,5 ?

$$\frac{41,29 \times 17,5}{29,84} = 12 \text{ rubans fournis.}$$

S'il y a deux têtes à l'étirage, ce sera donc 12 rubans par tête.

Un premier étirage produit deux assortiments pour un second, le développement de son étireur étant de 29 mètres 84, l'étireur du 2e étirage développant à son tour

24 mètres 03, avec un étirage de 14,6 : quel sera les rubans fournis ?

$$\frac{2 \times 29,84 \times 14,6}{24,03} = 36 \text{ rubans.}$$

S'il y a trois têtes d'étirage fournissant chacune 2 assortiments, ce sera 6 rubans pour chacun.

Un second étirage produit 6 assortiments pour le banc à broches, son étireur développant 24 mètres 03 centimètres et celui du banc à broches 24 mètres 55 avec un étirage de 13,1 ; quel sera le nombre de broches alimentées ?

$$\frac{6 \times 24,03 \times 13,1}{24,55} = 76 \text{ broches alimentées.}$$

Je ferai remarquer que la perte de temps est beaucoup plus considérable aux bancs à broches qu'aux étirages, soit pour les démontages et autres arrêts inévitables. Cette perte de temps peut s'évaluer à 5 pour cent qu'il faut ajouter au nombre de broches que nous venons de trouver ce qui revient à multiplier par 1,05 ; le nombre de broches alimentées sera donc pratiquement de $76 \times 1,05 = 80$ broches.

Banc à broches.

Le *banc à broches* ne diffère des étirages qu'en ce qu'il

possède sur le devant, un banc qui contient autant de broches que la machine produit de rubans. En ce qui concerne l'étirage, il s'y produit de la même manière ; il est donc inutile d'en donner de nouveaux exemples ; mais comme il faut donner à la mèche un certain degré de torsion, nous allons démontrer de quelle manière on fait le calcul de cette torsion.

Le mouvement des broches est communiqué par une roue fixée sur l'arbre moteur du métier, cette roue commande par un intermédiaire une seconde roue fixée sur l'arbre de commande des broches ; cet arbre a en face de chaque broche une roue conique qui engrène dans les dents du pignon fixé sur la broche. Donc, si on veut connaître la vitesse de celle-ci, il faut multiplier la vitesse de l'arbre moteur du métier par la somme des commandeurs pour servir de dividende, faire ensuite les sommes des commandés pour diviser, on obtiendra au quotient la vitesse des broches.

Exemple : L'arbre moteur d'un banc à broches marche à une vitesse de 138 tours par minute, il porte une roue de 56 dents commandant par un intermédiaire un pignon de 28 dents fixé à l'extrémité de l'arbre de commande des broches, cet arbre porte à son tour en face de chaque broche, une roue d'angle de 44 dents, commandant le pignon de la broche qui en a 22 ; quelle sera la vitesse de cette dernière ?

$$\frac{138 \times 56 \times 44}{28 \times 22} = 552 \text{ tours par minute.}$$

La vitesse des broches étant connue, pour trouver la torsion que recevra un décimètre de mèche, il faut d'abord déterminer la vitesse par minute du cylindre étireur. Elle se trouve en multipliant le nombre de dents du pignon de torsion fixé sur l'arbre moteur, par la vitesse de cet arbre et on divise le produit par le nombre de dents de la roue fixée sur l'axe du cylindre étireur, le quotient donne la vitesse de ce cylindre. Ensuite on multiplie ce dernier quotient par la circonférence en décimètres du cylindre et on divise par ce produit la vitesse des broches, le quotient obtenu sera la torsion pour un décimètre de mèche.

Exemple: Quelle sera la torsion que recevra la mèche, la vitesse de l'arbre moteur étant de 138 tours, le pignon de torsion fixé dessus ayant 68 dents, la roue du cylindre étireur 60, la circonférence de ce cylindre étant de 1 décimètre 57 centièmes et les broches ayant une vitesse de 552 tours par minute?

$$138 \times 68 = 9384$$

on a alors $9384 \div 60 = 156,4$ vitesse de l'étireur

et $156,4 \times 1,57 = 24,55$ développement du cylindre

vitesse des broches $552 \div 24,55 = 2,25$ torsion par décimètre.

Un autre méthode plus simple de trouver la torsion de la mèche, consiste à faire le produit des commandeurs pour servir de dividende, et diviser ensuite par le produit des commandés, multiplié par la circonférence du cylindre étireur. Le quotient obtenu sera la torsion de la mèche.

Exemple : Une roue de 60 dents fixée sur l'axe de l'étireur commande au moyen d'intermédiaires une roue de torsion qui en a également 60 et qui est fixée sur l'axe de l'arbre moteur du métier, sur cet arbre du côté opposé à la roue de torsion une seconde roue de 56 dents commande par intermédiaire un pignon qui en a 28 et qui est fixé sur l'arbre de commande des broches, sur cet arbre en face de chaque broche une roue d'angle de 44 dents commande le pignon de la broche qui en a 22, si le cylindre étireur a 1 décimètre 57 centièmes de circonférence, quelle sera la torsion de la mèche ?

$$\frac{\text{commandeurs}}{\text{commandés}} \quad \frac{60 \times 56 \times 44}{60 \times 28 \times 22 \times 1,57} = 2{,}547.$$

Ce qui donne 2 tours 547 millièmes pour la torsion d'un décimètre de mèche.

La torsion que l'on doit donner à la mèche ne peut bien se régler que par la pratique ; elle est relative au numéro de la mèche et doit être aussi faible que possible, assez forte cependant pour pouvoir traverser le bac à eau chaude sans se rompre, une mèche trop tordu ne pouvant s'étirer avec facilité, ne produira qu'un mauvais fil.

Lorsque l'on veut changer la torsion au banc à broches, il faut remplacer le pignon variable par un pignon en rapport avec la torsion qu'on veut donner.

Nous avons démontré que l'on pouvait trouver la torsion de la mèche sans s'occuper de la vitesse qui en est indépendante ; il nous reste à démontrer le pignon que l'on doit placer pour une certaine torsion que l'on veut obtenir.

Il suffit de retrancher de l'opération précédente le pignon variable, et de le remplacer par le nombre de tours que l'on veut obtenir, on aura alors l'expression suivante :

$$\frac{\text{commandeurs}}{\text{commandés}} \quad \frac{60 \times 56 \times 44}{2{,}547 \times 28 \times 22 \times 1{,}57} = 60 \text{ dents.}$$

Pour opérer avec plus de facilité, on cherche un nombre constant ou dividende que l'on obtient en retranchant de l'opération le pignon variable ou le nombre de tours à obtenir, le quotient devient ensuite un nombre constant qui, étant divisé par le pignon variable donne le nombre de tours par décimètre que la mèche recevra avec ce pignon, et si on le divise par le nombre de tours que l'on veut obtenir pour la torsion de la mèche, on aura le pignon à placer pour produire la torsion.

En retranchant le pignon variable 60 de l'exemple précédent, j'aurai pour le nombre constant, l'expression suivante :

$$\frac{60 \times 56 \times 44}{28 \times 22 \times 1{,}57} = 152{,}8 \text{ nombre constant.}$$

L'étirage du banc à broches varie pour le lin long de 15 à 25 et pour le lin coupé de 8 à 15. Pour les étoupes on ne doit pas dépasser les limites de 6 à 10.

Le travail le plus important que l'on doit faire exécuter au banc à broches, est la formation d'une bobine qui ne soit ni molle ni dure. Une bobine molle est défectueuse, souvent elle se mêle à la filature et occasionne des déchets; une bobine dure est le résultat d'un ruban qui a été tiraillé dans son parcours des cylindres à la broche, ce ruban manque de force, casse fréquemment et ne produit qu'un fil irrégulier.

C'est afin d'éviter ces défectuosités, que je vais donner au lecteur le détail du mouvement différentiel et le calcul appliqué à son mécanisme. *(La connaissance de ce calcul étant indispensable à l'exécution d'un bon travail.)*

MOUVEMENT DIFFÉRENTIEL

Détails.

La roue différentielle reçoit son mouvement du cône,
qui le reçoit lui-même de l'arbre moteur; cette roue cou-
ronne deux pignons coniques placés verticalement dans
son intérieur. Ces pignons ont deux mouvements différents, dont l'un de rotation sur eux-mêmes, communiqué par un troisième pignon conique dans les dents
duquel ils engrènent; l'autre, de translation autour de ce
pignon, communiqué par la roue différentielle. Ces deux
mouvements combinés, ont pour but, de retarder la vitesse des pignons fixés dans l'intérieur de la roue, d'un
tour à chaque cercle qu'ils décrivent, autour du pignon
qui les commande.

. En effet, la roue différentielle tourne d'un mouvement
en dehors et entraîne dans sa rotation les pignons qu'elle

porte , et leur fait faire un mouvement de translation autour du troisième pignon qui les commande. Ce pignon tend toujours à donner à ceux qu'il commande une vitesse égale à la sienne qui est elle-même égale à celle de l'arbre moteur, sur lequel il est maintenu par deux vis ; mais comme il tourne d'un mouvement en dehors en communiquant un mouvement en dedans aux pignons qu'il commande, pendant que ceux-ci en font un de translation autour de lui ; il résulte de ces différents mouvements que les dents du pignon commandeur courent après ceux des commandés et qu'à chaque cercle que ceux-ci décrivent autour de lui , il se produit un tour de retard sur la vitesse de l'arbre moteur

Les pignons fixés dans l'intérieur de la roue différentielle deviennent à leur tour commandeurs d'un quatrième pignon conique fixé à l'une des extrémités de la boîte qui tourne sur l'arbre moteur qui lui sert d'axe et commande une série de plateaux circulaires qni entraînent la bobine dans leur rotation. Ce pignon tourne d'un mouvement en dedans avec ceux qui le commande et qui tendent à lui donner une vitesse égale à celle qu'ils reçoivent du pignon fixé sur l'arbre moteur, mais comme le mouvement de translation se produit en dehors par la roue différentielle, il résulte que les dents des commandeurs, reculent dans un sens contraire à la rotation du commandé et qu'à chaque cercle qu'ils décrivent autour de lui, il se produit un second tour de retard.

Ce qui démontre qu'à chaque tour de la roue différentielle la boîte reçoit deux tours de retard sur la vitesse de l'arbre moteur, il s'ensuit, que plus la vitesse de translation est grande, plus elle retarde la boîte et par conséquent, plus la vitesse de rotation des plateaux est petite, et à mesure que la vitesse de translation diminue, celle des plateaux augmente.

On peut donc résumer que les pignons fixés dans l'intérieur de la roue différentielle exercent deux fonctions consécutives, dont l'une est de transmettre le mouvement aux plateaux circulaires par la vitesse de rotation qu'ils reçoivent de l'arbre moteur, et l'autre, d'opposer un frein à cette vitesse, par le mouvement de translation que la roue différentielle fait produire.

Les plateaux surmontent une série de pignons coniques qui se trouve dans l'intérieur du chariot mobile, chaque broche traverse un plateau et lui sert d'axe, la surface des plateaux est au niveau de celle du chariot et porte un petit piton et quelquefois deux qui viennent se loger dans des trous percés à la base de la bobine, il en résulte que le plateau et la bobine n'ont ensemble qu'un seul et même mouvement de rotation.

Pour connaître la vitesse que le mouvement différentiel transmet aux plateaux, il faut d'abord chercher la vitesse de la roue différentielle, on l'obtient en multipliant la vitesse de l'arbre moteur par le produit de tous les commandeurs pour servir de dividende, on divise ensuite par la somme de tous les commandés, le quotient obtenu est la vitesse de la roue différentielle que l'on multiplie par 2 pour obtenir le nombre de tours perdus sur la vitesse de l'arbre moteur, en retranchant ce produit de cette vitesse, on aura pour reste la vitesse de la boite qui étant multipliée elle-même par le produit des commandeurs pour servir de dividende à la somme des commandés, donnera au quotient la vitesse des plateaux.

Exemple : Quelle sera la vitesse transmise aux plateaux si le mouvement est disposé de la manière suivante :

Vitesse de l'arbre moteur . . . . 138 tours

Pignon de torsion fixé sur son axe . . 68 dents

Roue fixée sur l'arbre de commande
du cône. . . . . 34 »

Diamètre de la poulie de commande du
cône . . . . 0,102 mil^tres

Diamètre du cône . . . . 0,0441 »

Pignon fixé sur son axe . . . . . . 19 dents

Roue fixée sur l'arbre de commande
de la roue différentielle . . . . . 72 »

Pignon fixé sur cet arbre . . . . . . 22 »

Roue différentielle. . . . . 96 dents

$$\frac{\text{Commandeurs}}{\text{Commandés}} \quad \frac{138\times 68\times 0,102\times 19\times 22}{34\times 0,0441\times 72\times 96} = 38,6$$

La vitesse de la roue différentielle étant de 38 tours,

 dixièmes, pour obtenir celle de la boîte je multiplie
 ette vitesse par 2 et je retranche le produit de la vitesse
 e l'arbre moteur.

Exemple : 38,6×2=77,2 nombre de tours perdus.
Vitesse de l'arbre moteur 138—77,2=60,8.

La vitesse de la boîte étant de 60 tours 8 dixièmes,
quelle sera celle des plateaux si la boîte porte à l'extrémité opposée au pignon conique, une roue de 50 dents
commandant par intermédiaire un pignon qui en a 25 et
qui est fixé sur l'arbre de commande des plateaux et que
sur cet arbre en face de chaque broche, une roue conique
de 44 dents commande le pignon du plateau qui en a 22?

Il faut comme précédemment multiplier la vitesse de la
boite par le produit des commandeurs, pour servir de
dividende et diviser ensuite par le produit des commandés.
Le quotient obtenu sera la vitesse transmise aux plateaux.

Exemple :

$$\frac{\text{Commandeurs}}{\text{Commandés}} \quad \frac{60,8 \times 50 \times 44}{25 \times 22} = 243,2$$

La vitesse transmise aux plateaux sera donc de 243
tours 2 dixièmes.

2ᵉ *Exemple :* Si la courroie qui transmet le mouvement
au cône, vient fonctionner à la dernière course du chariot
sur un diamètre de 141 millimètres 1 dixième, quelle sera
la vitesse transmise aux plateaux?

Je cherche d'abord la vitesse de la roue différentielle
que l'on peut trouver dans ce cas par une proportion, et
je raisonne de la manière suivante : puisque le diamètre
0,044,1 donne à la roue différentielle une vitesse de 38,6,
un millimètre donnera 0,0441 plus de vitesse , ou 38,6
×0,0441, et un diamètre de 0,141,1 donnera 0,141,1
moins de vitesse ou $\dfrac{38,6\times0,0441}{0,141}$ donc, la vitesse cher-
chée est à la vitesse donnée, comme le diamètre trouvé
est au diamètre demandé :

$$\frac{38,6\times0,044,1}{0,141,1} = 12,06$$

Vitesse de la roue différentielle 12,06×2=,24,12.
Vitesse de l'arbre moteur 138—24,12==113, 88.
Vitesse de la boîte $\dfrac{113,88\times50\times44}{25\times22} = 455,5$

La vitesse transmise aux plateaux sera donc de 455
tours 5 dixièmes.

Le chariot mobile est commandé par une roue à échelle
qui est elle même commandée par le cône. Cette roue
élève et abaisse successivement le chariot, autant que la
bobine a de hauteur entre le pied et la tête, sa vitesse va
en diminuant à chaque course qui se produit, puisque le
cône ralentit sa vitesse à mesure que la courroie s'achemine vers la base.

Le mouvement de la roue à échelle se fait toujours du sens opposé à la course qui précède, de sorte qu'à la première course le pignon qui la commande engrène du côté extérieur, et comme il tourne d'un mouvement en dedans, il fait produire à la roue qu'il commande un mouvement en dehors qui fait baisser le chariot.

Le pignon commandeur de la roue à échelle décrit alors un demi cercle autour de sa dernière dent pour venir la saisir dans son intérieur et lui fait alors produire un mouvement en dedans qui fait monter le chariot. Le mouvement de monte et baisse continue de se produire de la même manière jusqu'à la dernière course.

Le demi cercle que le pignon décrit autour de la dernière dent qu'il échappe, fait produire au chariot un temps d'arrêt qui se neutralise par l'effet du clichet qui agit sur la crémaillère et qui joue un peu avant que le chariot soit arrivé à l'extrémité de sa course, de manière qu'au moment où le temps d'arrêt se produit, la courroie qui mène le cône vient fonctionner sur le diamètre de la course suivante, ralentit sa vitesse et fait regagner un tour aux plateaux. Donc s'il est exigé 30 courses de chariot pour former notre bobine, les plateaux regagneront 30 tours que l'on devra déduire de la vitesse exigée à la première course.

En effet, je suppose que la vitesse exigée à la première course soit de 273 tours et 453 à la dernière, l'augmentation de la vitesse de la première à la dernière course

sera de 453—273=180 tours. En supposant que le chariot ne produise pas de temps d'arrêt, je diviserai 180
tours par 30, nombre de courses exigé et j'obtiendrai
l'augmentation de vitesse à chaque course, donc
180÷30=6 tours mais puisque le temps d'arrêt fait
regagner un tour, l'augmentation de vitesse à chaque
course sera donc de 7 tours, ce qui donnera un produit
de 7×30=210 tours. En retranchant ce nombre de tours
de la vitesse exigée à la dernière course, on aura celle
de la première, donc 453—210=243 tours, vitesse des
plateaux à la première course.

Pour déterminer la vitesse du chariot mobile, il faut
comme précédemment multiplier la vitesse de l'arbre
moteur par tous les commandeurs, jusqu'à la roue à
échelle pour servir de dividende, ensuite faire la somme
des commandés pour servir de diviseur, le quotient sera
la vitesse du chariot.

Exemple : Un arbre moteur faisant 138 tours à la
minute porte un pignon variable de 68 dents commandant un second pignon de 34 fixé sur l'axe d'un arbre à
rainure sur lequel une poulie ayant un diamètre de 0,102
millimètres donne le mouvement au cône au moyen d'une
courroie qui vient fonctionner sur un diamètre de 0,044,1
sur l'axe du cône, un pignon de 19 dents commande une
roue qui en a 72 et qui est fixée sur l'arbre de commande
de la roue différentielle, à l'autre extrémité de cet
arbre un pignon de 34 dents commande une roue tête

de cheval qui en a 72 , cette roue porte sur sa douille un pignon de 24 dents qui commande à son tour une seconde roue qui en a 71 et qui est fixé sur l'arbre de commande de la roue à échelle , à l'extrémité de cet arbre , un pignon de 7 dents commande la roue à échelle , qui en a 48 , quelle sera la vitesse du chariot mobile?

$$\frac{\text{Commandeurs}}{\text{Commandés}} \quad \frac{138\times68\times0,102\times19\times34\times24\times7}{34\times0,044,1\times72\times72\times72\times48} = 3,86$$

La vitesse du chariot sera donc de 3 courses 86 centièmes par minute.

Combinaison

La combinaison du mouvement différentiel a pour but, de mettre en rapport la longueur de ruban développé par le cylindre étireur, avec celle enveloppée par l'ailette autour de la bobine dans une unité de temps, afin que ce ruban ne subisse aucune tension dans son enroulement, qui doit se faire par couches régulières.

Le chemin que doit parcourir le chariot mobile dans une unité de temps, est dépendant de la grosseur de la mèche que l'on produit, ainsi que le nombre de courses du chariot pour arriver à une certaine grosseur de la bobine, ce nombre de courses est déterminé par le pignon qui agit sur la crémaillère , qui agit à son tour sur la poulie de commande du cône, laquelle est fixée sur un arbre à rainure, qui lui permet de reculer vers sa base, à chaque course qui se produit. Il s'ensuit de cette combinaison, que la vitesse de rotation des bobines et celle du chariot mobile, demeurent toujours en rapport entre elles, puisqu'ils reçoivent leur mouvement d'une seule et même commande qui est le cône.

La vitesse de rotation de l'ailette est égale à celle de la broche, puisqu'elle est fixée dessus. La rotation de la bobine se fait dans le même sens, et par conséquent, plus son diamètre augmente plus sa vitesse de rotation devient grande, afin de diminuer l'enroulement qui se fait par l'ailette, dans les mêmes proportions.

Donc pour connaître la vitesse de rotation que doivent recevoir les bobines à la première course du chariot, il faut d'abord tenir compte du glissement de la courroie qui agit sur le cône, qui peut être évalué environ à 3 pour cent. Pour neutraliser ce retard qui augmente la vitesse des bobines, en même temps qu'il diminue celle du chariot, on ajoute 3 pour cent à la longueur développée par l'étireur, ce qui revient à multiplier cette longueur par 1,03, on divise ensuite ce produit par la circonférence du bobineau, le quotient obtenu représente le nombre de tours à envelopper, on retranche ensuite ce nombre de tours de la vitesse des broches, le reste est la vitesse de rotation que doivent recevoir les bobines.

Exemple : Si le cylindre étireur développe 24 mètres 55 centimètres dans une minute et que la broche fait

552 tours autour d'un bobineau qui a une circonférence de 0,088 millimètres, quelle sera la vitesse que devront recevoir les bobines ?

Développement de l'étireur 24, 55 $\times$ 1,03 = 25^m 28^c

25, 28 $\pm$ 0,088 = 287,27 nombre de tours à envelopper, vitesse des broches,

552 — 287,27 = 264,73 vitesse des bobines.

D'après le principe que nous avons donné, il nous reste à déduire de cette vitesse le nombre de tours regagnés par les bobines qui est équivalent au nombre de courses du chariot.

Or, si la grosseur de la mèche est de 1 millimètre 8 dixièmes et que le diamètre de la bobine soit de 0^m 083 millimètres lorsque la dernière couche est enveloppée dessus, pour trouver le nombre de courses que le chariot devra faire pour arriver à ce diamètre, il faut diviser la différence entre le diamètre du bobineau et celui de la bobine, par la grosseur de la mèche ; le quotient sera le nombre de courses exigées.

Exemple : Si la bobine a un diamètre de 0,083 millimètres et le bobineau 0,028, nous aurons pour le nombre de courses à produire :

0,083—0,028=0,055$\pm$1,8 = 30 courses de chariot.

Nous pouvons donc résumer que la vitesse des bobines à la première course du chariot, sera de **264,73** — 30 = **234,73**.

2ᵐᵉ Exemple. Si la dernière couche s'enveloppe sur une circonférence de 254 millimètres 5 dixièmes, quelle sera la vitesse que devront recevoir les bobines ?

25,28 ± 0,254,5 = 99,33 nombre de tours à envelopper.

552 — 99,33 = 452,67 vitesse de rotation des bobines.

Calcul du Mouvement.

Ce calcul a pour but, de déterminer le diamètre du cône où la courroie doit fonctionner, pour transmettre la vitesse exigée aux plateaux circulaires, à la première et à la dernière course du chariot.

Pour faire cette opération, il faut d'abord chercher la vitesse de la roue différentielle.

La méthode la plus simple pour trouver cette vitesse, consiste à retrancher la vitesse exigée des plateaux de celle des broches, le reste divisé par **8**, donnera au quotient la vitesse que devra recevoir la roue différentielle. Ce qui démontre que la vitesse des plateaux est égale à celle des broches moins la vitesse de la roue différentielle multipliée par 8, nombre constant.

En effet, en supposant que la boite reçoive une vitesse égale à celle de l'arbre moteur, la vitesse des plateaux sera égale à celle des broches.

Or nous savons, que chaque tour de la roue différentielle retarde la boite de deux tours sur la vitesse de l'arbre moteur, la transmission du mouvement de la boite aux plateaux étant invariable, le nombre de tours perdus sera donc de

$$\frac{2 \times 50 \times 44}{25 \times 22} = 8 \text{ tours.}$$

Par conséquent, si la vitesse des plateaux doit être à la première course du chariot de 235 tours 73 centièmes; celle de la roue différentielle devra donc être de

$$552 - 234,73 = 317,27 \pm 8 = 39,658.$$

Ayant obtenu 39 tours 658 millièmes pour la vitesse de la roue différentielle, cherchons celle que le cône devra recevoir pour la produire.

On opère en multipliant la vitesse de la roue par le produit des commandés pour servir de dividende, ensuite, on fait la somme des commandeurs pour diviser, le quotient obtenu sera la vitesse du cône.

Exemple : Une roue différentielle ayant 96 dents sur son cercle, est commandée par un pignon qui en a 22, ce pignon est fixé sur un arbre à l'extrémité duquel une roue de 72 dents se trouve commandée par un pignon qui en a 19 et qui est fixé sur l'axe du cône, quelle vitesse devra-t-il recevoir pour transmettre 39 tours 658 millièmes?

$$\frac{39,658 \times 96 \times 72}{22 \times 19} = 655,78$$

Ayant obtenu 655 tours 78 centièmes pour la vitesse du cône, il nous reste à déterminer le diamètre ou la courroie devra fonctionner pour la produire. On l'obtient en multipliant la vitesse de l'arbre moteur par le produit de tous les commandeurs, pour servir de dividende. On divise ensuite par la somme des commandés multipliée elle-même par la vitesse qu'on veut produire, le quotient sera le diamètre du cône où la courroie doit fonctionner.

Exemple : Si l'arbre moteur fait 138 tours par minute et qu'il porte à son extrémité un pignon variable de 68 dents, commandant par intermédiaire une roue qui en a 34 fixée à l'extrémité de l'arbre à rainure sur lequel une poulie ayant un diamètre de 0,102 millimètres commande le cône. Sur quel diamètre la courroie devra-t-elle fonctionner si sa vitesse doit être de 655 tours 78 centièmes?

$$\frac{\text{Commandeurs}}{\text{Commandés}} \; \frac{138 \times 68 \times 0,102}{34 \times 655,78} = 0,042,9$$

Le diamètre du cône sera donc à la première course du chariot de 0,042 millimètres 9 dixièmes.

On opère de la même manière pour obtenir le diamètre de la dernière course.

Exemple : La combinaison nous a démontré que la vitesse des plateaux devait être à la dernière course de 452 tours 67 centièmes. D'après le principe, celle de la roue différentielle devra donc être de 552-452,67=99, 33±8=12,41.

La vitesse de la roue différentielle devant être de 12 tours 41 centièmes, on peut par une proportion, déterminer le diamètre qui devra la produire.

Exemple : Si avec un diamètre de 0,042 millimètres 9 dixièmes, je produis une vitesse de 39 tours 658 millièmes quel diamètre sera-t-il exigé pour produire 12 tours 41 centièmes?

Solution : $0,042, 9 : x :: 12, 41 : 39, 658$.

Ce qui revient à multiplier la vitesse donnée par le diamètre trouvé, le produit divisé par la vitesse demandée donnera au quotient le diamètre qui la produira.

$$\textit{Exemple} \: : \: \frac{39,658 \times 0,042}{12,41} = 0,137,09.$$

Le diamètre de la dernière course sera donc de 0,137 millimètres 0,9 centièmes.

Pour connaître le chemin que doit parcourir le chariot mobile dans une unité de temps, il faut multiplier la grosseur de la mèche par le nombre de tours que l'ailette doit envelopper dans une minute, on obtiendra au produit le chemin à parcourir.

Exemple : Nous avons dit que le chariot ne pouvait jamais s'écarter d'être en rapport avec la vitesse des plateaux, donc il perd en vitesse ce que les plateaux regagnent.

Le nombre de tours à envelopper par l'ailette à la première course étant de 287 tours 27 centièmes (1) ajoutons à ce nombre 30 tours que les plateaux regagnent, nous aurons pour le nombre de tours à envelopper 287,27 $\times 30 = 317, 27$.

Si la grosseur de la mèche est de 1 millimètre 8 dixièmes le chemin à parcourir par le chariot sera de 317, 27 $\times$ 0, 001, 8 = 0, 571 millimètres.

La vitesse que doit recevoir le chariot se trouve en divisant le chemin à parcourir par la hauteur du bobineau entre le pied et la tête que je suppose être de 0,148 millimètres, l'expression de la vitesse sera donc de 571 $\pm$ 148 = 3,858 vitesse.

Pour trouver le pignon variable qui doit produire la vitesse exacte du chariot mobile, il faut ajouter 3 pour 100 à celle que nous venons de trouver, résultat du glissement de la courroie sur le cône. Ce qui revient à multiplier par 1,03, donc, $3,858 \times 1,03 = 3, 97$. On multiplie ensuite cette vitesse par la somme des commandés pour servir de dividende à la somme des commandeurs multipliée elle-même par la vitesse du cône. Le quotient obtenu sera le pignon à placer.

Exemple : Une roue à échelle de 48 dents est commandée par un pignon qui en a 7. Ce pignon est fixé à l'extrémité d'un arbre qui porte une roue de 72 dents

---

1 Voir la Combinaison.

commandée par un pignon qui en a 24, et qui est fixée sur la douille d'une seconde roue de 72 dents commandée par le pignon que nous voulons déterminer. Ce pignon se place sur un arbre à l'extrémité duquel une troisième roue de 72 dents se trouve commandée par le pignon fixé sur l'axe du cône qui en a 19, quel sera le nombre de dents du pignon variable, si la vitesse du cône est de 655 tours 78 centièmes?

$$\text{Commandés} \atop \text{Commandeurs} \qquad \frac{3,97 \times 48 \times 72 \times 72 \times 72}{7 \times 24 \times 19 \times 655,78} = 34 \text{ dents.}$$

Lorsque l'on change de numéro de mèche, on remplace ce pignon par un autre en rapport avec le numéro de mèche qu'on veut produire.

Exemple : Une mèche ayant une grosseur de 1 millimètre 8 dixièmes, est une mèche numéro 3, quel pignon sera-t-il exigé pour une mèche numéro 3, 6 dixièmes?

Cette mèche étant plus fine, exige moins de vitesse au chariot, il faut donc réduire le nombre de dents du pignon, ce qui revient à poser la proportion suivante :

$$3 : 3,6 :: x : 33.$$

Il faut donc multiplier le numéro de mèche donné par le pignon trouvé et diviser le produit par le numéro de mèche demandée. On obtiendra au quotient le pignon en rapport avec ce numéro.

Exemple : $\dfrac{3\times 34}{3,6}$ = 28 dents, pignon à placer.

Le nombre de courses du chariot se règle par le pignon de crémaillère, qui se règle lui-même par le nombre de dents d'une roue fixée à l'extrémité d'un arbre que l'on nomme rocher.

Deux clichets agissent sur cette roue qui se trouve sur le devant du métier. L'un de ces clichets agit en dessous de la roue pendant que l'autre agit en dessus, de manière que lorsque le chariot monte , celui de dessous se lève , laisse échapper la dent qu'il retenait et celui de dessous la retient à son tour dans le milieu de son parcours à une autre dent. Sur cet effet, toutes les fois que le clichet qui agit en dessous de la roue laisse échapper une dent, il s'est produit deux courses de chariot, dont l'une de haut en bas et l'autre de bas en haut. Donc s'il est exigé 30 courses, les clichets laisseront échapper 15 dents, s'il en était exigé 36, il s'échapperait 18 dents, 20 pour 40 et ainsi de suite.

En divisant le nombre de dents du rocher que l'on emploie par la moitié des courses que l'on doit produire, on a le nombre de tours que doit faire ce rocher. Le pignon de crémaillère se règle sur ce nombre de tours.

Exemple : Si je dispose d'un rocher de 15 dents et qu'il soit exigé 36 courses, quel sera le nombre de tours que devra faire le rocher?

Moitié des courses exigées 18±15=1,2 nombre de tours du rocher.

A l'autre extrémité de l'arbre du rocher, une roue que je suppose être de 46 dents engrène dans les dents d'un pignon variable fixé sur la douille d'une seconde roue que je suppose être de 54 dents engrenant dans les dents de la crémaillère.

Pour trouver le pignon à placer, on prend d'abord la longueur du cône depuis le départ de la courroie à la première course, jusqu'à la dernière, et on examine le nombre de dents contenus sur une même longueur de la crémaillère. Je suppose qu'il soit contenu 82 dents.

Maintenant, si je dispose d'un rocher de 15 dents et qu'il soit exigé 30 courses de chariot, ce rocher devra donc faire un tour pour les produire, puisque sa fonction est de retenir la crémaillère. Considérons la roue de 46 dents fixé à son extrémité comme commandeur.

Pour déterminer le pignon à placer, il suffit de multiplier le nombre de tours que doit faire le rocher par les commandeurs 46 et 54, diviser ensuite le produit par 82, nombre de dents de la crémaillère.

Exemple : $\dfrac{\text{Commandeurs}}{\text{Crémaillère.}} \quad \dfrac{1 \times 46 \times 54}{82} = 30$ dents.

2e Exemple : Si le rocher doit faire 1 tour 2 dixièmes pour produire 36 courses, on formera l'expression suivante :

$$\text{Commandeurs} \atop \text{Crémaillère} \quad \frac{1,2 \times 46 \times 54}{82} = 36 \text{ dents.}$$

En effet, un poids agissant sur la crémaillère la fait reculer en entraînant avec elle la poulie de commande du cône jusque vers sa base. On peut donc considérer dans ce cas qu'elle commande la roue de 54 dents, et le pignon fixé sur la douille de cette roue commande à son tour la roue de 46 dents qui est variable ainsi que le pignon qui la commande, et qui est fixé sur l'arbre du rocher.

Donc en multipliant les commandeurs 82 et 36 pour servir de dividende et les commandés 54 et 46 pour servir de diviseur, on aura au quotient le nombre de tours exigés pour le rocher.

$$\text{Commandeurs} \atop \text{Commandés} \quad \frac{82 \times 36}{54 \times 46} = 1,2$$

On change le pignon de la crémaillère ou la roue fixée sur l'arbre du rocher, par une proportion.

Exemple : S'il est exigé une roue de 46 dents pour une mèche numéro 3, quelle roue sera-t-il exigée pour une mèche numéro 3,6 dixièmes?

La mèche étant plus fine, il sera exigé plus de courses, il faut donc réduire le nombre de dents de la roue, donc

$$x : 46 :: 3 : 3,6.$$

Ce qui revient à multiplier le numéro donné par la

roue trouvée et diviser le produit par le numéro demandé.

$$\frac{46 \times 3}{3,6} = 38 \text{ dents.}$$

Si on veut changer le pignon fixé sur la douille de la roue tête de cheval, l'opération est différente : on multiplie le numéro demandé par le pignon trouvé et on divise le produit par le numéro donné. Soit l'exemple précédent :

$$\frac{3,6 \times 30}{3} = 36 \text{ dents.}$$

Le banc à broches à index n'a pas de crémaillère. Lorsque l'on change de numéro de mèche, on remplace le rocher par un autre en rapport avec le numéro de mèche qu'on veut produire.

Exemple : S'il est exigé un rocher de 18 dents pour une mèche produisant le numéro 30, quel rocher sera-t-il exigé pour une mèche devant produire le numéro 40 ?

$$18 : 30 :: x : 40$$

Il suffit donc de multiplier le rocher trouvé par le numéro demandé et diviser ce produit par le numéro donné, le quotient sera le rocher cherché

$$\frac{18 \times 40}{30} = 24 \text{ dents au rocher.}$$

Banc à Bobines.

Ce métier s'emploie pour la préparation de numéros élevés; il n'a pas de broches, et c'est pourquoi on le nomme banc à bobines.

L'étirage se produit à cette machine de la même manière qu'au banc à broches, mais lorsque le ruban sort de l'étireur, au lieu de recevoir la torsion, vient passer dans un bac contenant de l'eau et s'enroule ensuite un tour sur un cylindre en fonte, chauffé par la vapeur, dans le but de le sécher.

Cette machine offre un avantage marqué sur le banc à broches; d'abord le ruban n'ayant pas été tiraillé ni fatigué par la vibration de la broche, permet d'obtenir en filature un fil très fin et de qualité supérieure On gagne ensuite en production le temps qu'on passe à faire les levées; en outre, si un ruban vient à se rompre derrière la machine, on peut le rattacher quand on veut, sans inconvénient pour la préparation.

Au sortir du cylindre en fonte qui a l'action de sécher le ruban, une bobine marchant à une vitesse qui correspond exactement à celle du cylindre, enveloppe ce ruban qui se trouve conduit par un mouvement de va et vient, sur toute la longueur de la bobine.

Les bobines pleines s'enlèvent et se remplacent sans être obligé de suspendre la marche du métier.

Le ruban que produit cette machine, se décompose à l'eau froide, l'action de l'eau chaude lui ferait perdre sa consistance , et il ne pourrait arriver aux fournisseurs sans se rompre

Métiers à Filer.

Les métiers à filer reçoivent les bobines de la préparation pour faire subir à la mèche son dernier étirage, puis la torsion qui est dépendante de la finesse du fil.

Il y a deux sortes de métiers à filer, les métiers à sec que l'on peut également employer pour filer à l'eau froide, et les métiers à eau chaude.

Les métiers à sec, sont disposés de manière à filer les gros numéros, tel que fil de cordonnier, fil pour toile à sac ou à emballer et pour tapis de pieds.

Les étoupes de belle qualité peuvent produire des fils pour tissage des numéros 18 à 20, et celles de qualité médiocre des numéros 6 à 15 pour toile de ménage.

Ces métiers ont de grands écartements que l'on peut varier de 40 à 45 centimètres entre les cylindres fournisseurs et étireurs, afin de pouvoir y filer au besoin le long brin et l'étoupe.

On emploie ces métiers pour le filage à eau froide, en plaçant sous chaque rouleau en bois faisant pression sous l'étireur, un petit bac contenant de l'eau froide, dans lequel le rouleau plonge et s'y humecte en même temps que la mèche qui en sort. Le fil que l'on obtient avec ce système a plus de consistance, et est plus lisse que celui filé simplement à sec.

L'étirage que l'on donne à ces métiers se règle sur la matière que l'on emploie et sur le numéro que l'on veut produire; mais il ne peut bien s'établir que par la pratique.

Pour les numéros en dessus de 20, on peut étirer de 9 à 15, et pour ceux en dessous, de 10 à 13. Pour les numéros en dessous de 12 on ne doit étirer que de 8 à 9. Ce qui démontre que l'étirage doit diminuer avec le numéro que l'on veut produire.

Les métiers à eau chaude diffèrent des métiers à sec en ce que les cylindres ont moins d'écartement entre eux, et la mèche passe dans un large bac rempli d'eau chauffée par la vapeur, et se trouve ainsi décomposée avant de s'engager entre les fournisseurs, et lorsqu'elle sort des étireurs, elle est réduite à l'état de filaments de même nature, jusqu'à ce qu'elle reçoive la torsion proportionnelle à sa finesse.

Les dimensions que l'on donne à ces métiers, sont en rapport avec les numéros qu'ils sont destinés à filer. Les cylindres sont cannelés et diminuent de grandeur et les broches se rapprochent à mesure que le numéro devient plus élevé.

Les lins et leurs étoupes se filent sur ces métiers, du numéro 6 au numéro 80, et les lins coupés jusqu'au numéro 200 et même 250.

Les métiers à filer se divisent en quatre catégories:

La première a pour le diamètre de l'étireur 0,70 à 0,075 millimètres. Ecartement des broches à 0,075 à 0,090. Cannelure 18 à 20 dents au pouce anglais. On y file des numéros les plus bas au numéro 20.

La deuxième a pour le diamètre de l'étireur 0,060 millimètres. Ecartement des broches 0,060 à 0,070. Cannelure 24 au pouce. On y file du numéro 20 au 40.

La troisième a pour le diamètre de l'étireur 0,050 millimètres. Ecartement des broches 0,055. Cannelure 28 à 30 au pouce On y file du numéro 40 au 80.

La quatrième a pour le diamètre de l'étireur de 0,030 à 0,050 millimètres, écartement des broches de 0,050 à 0,055. Cannelure de 32 à 40 au pouce. On y file du numéro 80 à 200.

L'écartement entre les cylindres fournisseurs et étireurs est subordonné à la matière que l'on emploie, au genre de fil que l'on produit et au numéro de la mèche, on ne peut donner de règle précise pour déterminer cet écartement qui ne peut bien s'établir que par la pratique.

Plus le numéro de la mèche est élevé, moins on doit donner d'écartement entre les cylindres, trop peu d'écartement pour une mèche d'un bas numéro, composé d'un lin rude et nerveux, produira un fil vrillé, et trop d'écartement pour une mèche d'un numéro élevé, composée d'un lin tendre et faible, produira de fréquentes ruptures et beaucoup de déchets. Il est donc indispensable d'apporter les plus grands soins à régler l'écartement qui doit exister entre les cylindres.

Les rouleaux qui font pression sur le cylindre étireur, sont en buis ou en gutta-percha, ils sont cannelés de la même manière que le cylindre sur lequel ils font pression. Ces cannelures s'altèrent et se détériorent lorsqu'ils ont marché un certain temps et produisent un fil vrillé si on ne les change pas aussitôt. Le même inconvénient se produit, si on ne tient pas l'eau des bacs à un extrême degré de chaleur, la décomposition se fait mal et il en résulte que le fil est mauvais. Ces deux causes de mauvais filage nécessitent la plus grande surveillance pour les éviter.

L'étirage que l'on donne aux métiers à eau chaude, ne doit pas dépasser les limites de 5 à 10 tout au plus, car le cordon n'étant pas soutenu comme à la préparation et les fibres étant disjointes par l'action de l'eau chaude, se rompraient sous un fort étirage.

Calcul des Métiers à filer.

Pour calculer l'étirage d'un métier à filer, on multiplie le diamètre du cylindre étireur par le produit des commandés, pour servir de dividende, on multiplie ensuite le diamètre du cylindre fournisseur par le produit des commandeurs pour diviser, le quotient donne l'étirage.

Exemple: Quel sera l'étirage d'un métier à filer, si le

cylindre étireur a un diamètre de 0,052 millimètres avec un pignon de 25 dents sur son axe, lequel commande une roue tête de cheval de 60 dents, ayant sur sa douille un pignon variable de 24 dents commandant à son tour une seconde roue de 60 dents, fixée sur l'axe du cylindre fournisseur, dont le diamètre est de 0,037 millimètres ?

$$\frac{\text{Commandés}}{\text{Commandeurs}}\ \frac{60 \times 60 \times 0,052}{25 \times 24 \times 0,037} = 8,4 \text{ étirage.}$$

Quel sera l'étirage d'un métier à grands écartements, monté de la manière suivante :

Pignon de l'étireur 60, roue de tête de cheval 72, pignon variable 30, roue du fournisseur 100, diamètre de l'étireur 0,095, diamètre du fournisseur 0,040.

$$\frac{\text{Commandés}}{\text{Commandeurs}}\ \frac{72 \times 100 \times 0,095}{60 \times 30 \times 0,040} = 9,5 \text{ étirage.}$$

Lorsque l'on veut changer de numéro, on change l'étirage du métier. Cette opération se fait par une proportion.

Exemple : Si je produis le numéro 25 avec un pignon de 25 dents, quel pignon sera-t-il exigé pour produire le numéro 20 ?

Règle : Le numéro demandé est au numéro donné, comme le pignon trouvé est au pignon cherché.

Il suffit donc de multiplier le numéro que l'on produit par le pignon trouvé et diviser ensuite par le numéro qu'on veut produire.

$$\frac{25 \times 24}{20} = 30 \text{ dents}$$

On trouve encore le pignon de rechange en opérant par le poids du fil, Cette méthode est même préférable, attendu que les poids du paquet adoptés dans le commerce, ne sont pas toujours exactement en rapport avec le numéro.

Exemple : Si je produis un poids de 22 kilogs pour un paquet du numéro 25 avec un pignon de 24 dents, quel pignon sera-t-il exigé pour produire un poids de 28 kilogs pour un paquet du numéro 20 ?

Règle : Le poids donné est au pignon trouvé comme le poids qu'on veut produire est au pignon cherché. Il suffit donc de multiplier le poids qu'on veut produire par le pignon trouvé, et diviser ensuite par le poids que l'on produit, le quotient obtenu est le pignon de rechange.

$$\frac{24 \times 28}{22} = 30\frac{6}{11} \text{ pignon.}$$

Calcul de la torsion.

La torsion est le nombre de tours par pouce anglais ou par décimètre, que doit recevoir le fil. Elle est comme nous l'avons dit en rapport avec la finesse, car plus le numéro est élevé, plus il faut donner de consistance, et par conséquent, plus il faut tordre.

On calcule la torsion du métier à filer en multipliant le diamètre du tambour par le produit des commandés pour servir de dividende, on multiplie ensuite le diamètre de la noix de broche par la somme des commandeurs, et ce dernier produit par la circonférence du cylindre étireur, pour diviser, le quotient donne la torsion du fil.

Exemple : Quelle sera la torsion du fil par décimètre sur un métier dont le tambour a pour diamètre 0ᵐ,225 millimètres, avec un pignon de 30 dents sur son arbre commandant une roue de torsion qui en a 125, laquelle porte sur sa douille un pignon variable de 50 dents commandant à son tour par intermédiaire une roue de 120 dents fixée sur l'axe de l'étireur, dont la circonférence en décimètres est de 1,88 centièmes et le diamètre de la noix de broche 0,031 millimètres ?

$$\frac{\text{Commandés}\quad 125 \times 120 \times 0,225}{\text{Commandeurs}\ 30 \times 50 \times 31 \times 1,88} = 38,6\ \text{torsion.}$$

La torsion par décimètre sera donc de 38 tours 6 dixièmes. Si je posais la circonférence en pouces, j'obtiendrais au résultat le nombre de tours par pouces.

Il y a différentes manières d'opérer pour trouver le pignon de rechange lorsque l'on passe d'un numéro à un autre. La plus simple d'abord, et de retrancher de l'opération que nous venons de décrire, le pignon variable 50, je forme alors un nombre constant ou dividende qui, étant divisé par le nombre de tours par pouce ou par décimètre qu'on veut obtenir, donne au quotient le pignon à placer, et divisé par le pignon variable, on obtient la torsion qu'il produira.

Soit l'exemple précédent; nous formerons l'expression qui suit :

$$\frac{125 \times 120 \times 0,225}{30 \times 0,031 \times 1,88} = 193,03 \text{ nombre constant.}$$

Règle pour trouver le pignon de rechange par la racine carrée.

Multiplier le nombre de dents du pignon donné par la racine carrée du numéro obtenu, diviser ensuite ce produit par la racine carrée du numéro demandé, le quotient sera le pignon de rechange.

Exemple : Quel sera le nombre de dents du pignon de rechange pour le numéro 50, s'il est exigé un pignon de 50 dents pour le numéro 25 ?

$$\frac{\sqrt{25} = 5 \times 50}{\sqrt{50} = 7,07} = 35 \text{ dents.}$$

Si on veut trouver une torsion proportionnelle au numéro que l'on produit en changeant ce numéro, on multiplie le nombre de tours par la racine carrée du numéro demandé, et on divise ce produit par la racine carrée du numéro obtenu.

Exemple : Si je tors 38 tours 6 dixièmes pour un décimètre du numéro 25, quelle sera la torsion du numéro 50 ?

$$\frac{\sqrt{50} = 7,07 \times 38,6}{\sqrt{25} = \quad 5} = 54,5 \text{ torsion.}$$

Pour les gros numéros, ou ceux dont la torsion qui leur est relative n'est pas rigoureusement exigée, on emploie une méthode plus simple qui consiste à additionner le numéro que l'on produit avec celui que l'on veut produire, multiplier ensuite le total par le nombre de dents du pignon donné, et diviser ce produit par le double du numéro demandé.

Exemple : S'il est exigé un pignon de 50 dents pour tordre le numéro 25, quel pignon sera-t-il exigé pour tordre le numéro 50 ?

$$\begin{aligned}
\text{Numéro obtenu} \quad & 25 \\
\text{Numéro à obtenir} \quad & \overline{50} \\
\text{Total} \quad & \overline{75}
\end{aligned}$$

Pignon donné 50

Produit $\overline{37,50}$ | 100 double du numéro demandé.

$\overline{37,5}$ pignon à placer.

Comme on le voit, on ne peut obtenir avec cette méthode qu'une torsion approximative à celle que l'on doit avoir en réalité, puisqu'il y a une différence de 2 dents 5 dixièmes en plus que nous avons trouvé précédemment par la racine carrée.

Remarque. Il arrive souvent que dans une série de métiers à filer, les cylindres étireurs n'ont pas tous exactement le même diamètre, par suite des réparations que l'on est obligé de leur faire subir lorsqu'ils ont marché un certain temps. Il s'ensuit que le numéro de mèche étant le même, le pignon d'étirage doit être en rapport avec le diamètre du cylindre, ainsi que le pignon de torsion.

Exemple : S'il est exigé un pignon d'étirage de 27 dents pour produire le N° 25 avec un diamètre de cylindre de 0,060 millimètres, quel pignon sera-t-il exigé pour un diamètre de 0,052 millimètres ?

Plus le diamètre est petit, moins le cylindre développe, il faut donc diminuer le développement du cylindre fournisseur dans les mêmes proportions. Ce qui revient à réduire le nombre de dents du pignon en posant la proportion suivante :

$$27 : 60 :: x : 52$$

Il suffit de multiplier le pignon trouvé par le diamètre demandé, et diviser ce produit par le diamètre donné, le quotient sera le pignon cherché.

$$\frac{27 \times 52}{60} = 23 \text{ dents.}$$

On opère de la même manière pour le pignon de torsion.

Exemple : S'il est exigé un pignon de 50 dents pour un diamètre de 0,060 millimètres, quel pignon sera-t-il exigé pour un diamètre de 0,052 ?

Afin de donner au second cylindre un développement égal à celui du premier, il faut augmenter sa vitesse en augmentant le nombre de dents du pignon de torsion, par la proportion suivante :

$$50 : x :: 52 : 60$$

Il faut donc multiplier le pignon trouvé par le diamètre donné et diviser par le diamètre demandé.

$$\frac{50 \times 60}{52} = 57 \text{ dents.}$$

La torsion se règle ordinairement sur la demande de l'acheteur, mais en général pour le fil à tisser, elle est en rapport avec la racine carrée du numéro qu'on veut produire multiplié par 2, pour obtenir le nombre de tours par pouce, et par 7,9, pour obtenir le nombre de tours par décimètre que doit recevoir ce numéro de fil.

1er *Exemple* : Quelle sera la torsion que devra recevoir le fil numéro 25, pour qu'elle soit en rapport avec ce numéro ?

$\sqrt{}$ 25=5$\times$2=10 tours par pouce anglais.

2me *Exemple* : Quelle sera la torsion par décimètre du numéro 50 pour qu'elle soit proportionnelle à celle du numéro 25 ?

$\sqrt{}$ 50=7,07$\times$7,9=55,8 torsion demandée.

Pour le fil destiné à la filterie, on opère de la même manière en prenant pour multiplicateur le nombre 2,7.

Exemple : Quelle sera la torsion par pouce du numéro 30 pour filterie ?

$\sqrt{}$ 30=5,48$\times$2,7=14,8 torsion par pouce.

Pour obtenir la torsion par décimètre on prend pour multiplicateur le nombre 10,7 et on opère comme nous venons de le faire dans l'exemple précédent.

Exemple : √ 30=5,48 × 10,7=58,6 torsion.

TABLEAU INDIQUANT LES TORSIONS

par pouce et par décimètre.

NUMÉRO du fil	TORSION par pouce	TORSION par décimètre	NUMÉRO du fil	TORSION par pouce	TORSION par décimètre
2	2.82	11.1	50	14.14	55.8
3	3.46	13.6	55	14.82	58.5
4	4.00	15.8	60	15.48	61.1
5	4.46	17.6	65	16.12	63.6
6	4.90	19.0	70	16.72	66.0
7	5.33	21.0	75	17.32	68.4
8	5.76	22.7	80	17.88	70.6
9	6.00	23.7	85	18.44	72.8
10	6.32	24.9	90	18.96	74.8
12	6.92	27.3	95	19.48	76.9
14	7.48	29.5	100	20.00	79.0
16	8.00	31.6	110	20.96	82.7
18	8.48	33.4	120	21.90	86.5
20	8.94	35.3	130	22.80	90.0
22	9.38	37.0	140	23.66	93.4
25	10.00	39.5	150	24.48	96.6
28	10.58	41.7	160	25.28	99.8
30	10.94	43.2	170	26.06	102.5
35	11.82	46.6	180	26.82	105.9
40	12.64	49.9	190	27.56	108.8
45	13.40	52.9	200	28.28	111.7

Production.

Pour connaître la production du métier à filer, il faut d'abord chercher la vitesse de l'étireur. Elle se trouve en multipliant le nombre de dents du pignon fixé sur l'axe du tambour par sa vitesse, et ensuite par le nombre de dents du pignon de torsion, ce deuxième produit sert de dividende. Multiplier ensuite le nombre de dents de la roue de torsion par la roue fixée sur l'axe de l'étireur, pour diviser, le quotient donne la vitesse de ce dernier.

Exemple : Si un tambour fait 391 tours par minute avec un pignon de 30 dents sur son arbre, la roue de torsion ayant 125 dents avec un pignon de rechange sur sa douille qui en a 50 et la roue de l'étireur 120 dents ; quelle sera la vitesse de ce dernier ?

$$\frac{391 \times 30 \times 50}{125 \times 120} = 39 \text{ tours par minute.}$$

La vitesse de l'étireur étant connue, si on veut trouver le nombre d'échevettes qu'une broche produira en 12 heures, on multipliera la vitesse de l'étireur par sa circonférence, et le produit ainsi obtenu, par 60 minutes et ensuite par 12 heures, on obtiendra le nombre de mètres produits, cette quantité divisée par 274,2, longueur

d'une échevette, donnera au quotient le nombre d'échevettes produites en 12 heures.

Exemple : Quel sera le nombre d'échevettes produites
par un métier à filer, si le cylindre étireur fait 39 tours
par minute avec une circonférence de 0,157 millimètres ?

$$\frac{0,157 \times 39 \times 60 \times 12}{274,2} = 16 \text{ échevettes.}$$

Une autre méthode plus abrégée consiste à multiplier
le diamètre du cylindre par sa vitesse et ce produit par
0,008, en retranchant 3 décimales sur la droite on aura
approximativement le nombre d'échevettes produites en
12 heures.

Exemple : Si un cylindre étireur fait 25 tours par
minute, son diamètre étant de 0,050 millimètres, quel
sera le nombre d'échevettes produites en 12 heures ?

$$0,050 \times 25 \times 0,008 = 10 \text{ échevettes.}$$

Si on veut trouver le nombre d'échevettes produites en
une heure, on multiplie le diamètre du cylindre par sa
vitesse, et le produit ainsi obtenu multiplié par 0,687,
donnera le nombre d'échevettes produites en une
heure.

Exemple : Si un cylindre étireur fait 39 tours par
minute avec un diamètre de 0,060 millimètres, quel sera
le nombre d'échevettes produites en une heure.

$$0,060 \times 39 \times 0,687 = 1,607 \text{ nombre d'échevettes,}$$

la production en 12 heures sera de $1,607 \times 12 = 19,2$.

Remarque : Dans les calculs qui précèdent, je n'ai pas tenu compte du raccourcissement de la torsion, du déchet et des temps d'arrêts. Or, si on évalue à 10 p. % la perte en longueur produite par la torsion, et 5 p. % pour les temps d'arrêts et le déchet ; il faudra donc déduire 15 p. % au nombre d'échevettes que nous venons de trouver, ce qui revient à multiplier par 0,85, le nombre d'échevettes produites sera donc pratiquement de $19,2 \times 0,85 = 16,3$.

En supposant que le métier ait 180 broches et qu'une broche produise 16 échevettes 3 dixièmes en 12 heures, on aura en totalité $16,3 \times 180 = 2934$ échevettes, or le paquet est composé de 1200 échevettes et le dévidoire 300, en divisant la totalité d'échevettes produites par ce nombre nous obtiendrons le nombre de dévidoires, donc $2934 \pm 300 = 9,7$ dévidoires.

Alimentation du Banc à Broches.

Pour trouver le nombre de broches de filature alimentées par le banc à broches, il faut multiplier le nombre de broches du métier qui alimente par la vitesse de son cylindre étireur multipliée elle-même par son diamètre; et le produit ainsi obtenu par l'étirage du métier à filer, diviser ensuite par le diamètre du cylindre étireur du métier à filer multiplié par sa vitesse, on obtiendra au quotient le nombre de broches alimentées.

Exemple: Un banc de 40 broches a un cylindre étireur qui marche à une vitesse de 156 tours 4 dixièmes par minute; avec un diamètre de 0,050 millimètres; combien de broches de filature alimentera-t-il, si l'étireur du métier à filer marche à une vitesse de 39 tours avec un diamètre de 0,060 millimètres, l'étirage étant 8,3?

$$\frac{40 \times 156,4 \times 0,050 \times 8,3}{39 \times 0,060} = 1109 \text{ broches alimentées.}$$

Je ferai remarquer que dans ce calcul, je n'ai pas tenu compte de la perte de temps considérable qui se produit au banc à broches, soit pour les démontages, nettoyages et autres arrêts qui se renouvellent à chaque instant. On peut donc en pratique déduire 20 p. % au nombre de broches que nous venons de trouver, encore faut-il que le métier soit bien entretenu, et confié à des ouvrières consciencieuses. Déduire 20 p. % revient à multiplier par 0,80. Le nombre de broches alimentées sera donc pratiquement de 1109 × 0,80 = 887.

Problèmes.

Sur les différentes manières de calculer le poids de l'assortiment
aux étirages.

Lorsque l'on a combiné un système d'étirage et de
doublage, il s'agit de déterminer le poids de l'assortiment que l'on doit mettre derrière le premier étirage,
afin d'arriver par lui à un numéro donné.

Soit le numéro 25 à produire avec les étirages et les
doublages qui suivent :

Etirage du 1er étirage. 17,5
   »   du 2e   » 14,6
   »   du banc à broches 13,1
   »   du métier à filer 8,4
Doublages derrière le 2e étirage. 6
   »   au banc à broches 1

Règle : Multipliez la longueur marquée par la sonnette
par l'étirage des métiers à étirages, banc à broches et métier à filer et ce produit par le poids d'un paquet du
numéro 25, ce sera le dividende. Multipliez ensuite
329040 mètres, longueur d'un paquet par le doublage du 2e
étirage, ce sera le diviseur ; le premier produit divisé par
le second, donnera au quotient le poids de l'assortiment,
ou le nombre de pots à porter derrière le 1er étirage.

En effet, représentons par x le poids que nous cherchons, or, derrière le 1er étirage nous avons une longueur de ruban que je suppose être de 228 mètres 3 décimètres, si ce ruban est étiré de 17,5 nous aurons devant l'étirage pour notre poids x une longueur de 17,5 fois plus grande ou, $228,3 \times 17,5$. Derrière le 2e étirage, nous réunissons 6 rubans pour n'en former qu'un. Nous n'aurons donc plus pour notre poids x qu'une longueur de

$$\frac{228,3 \times 17,5}{6}$$

En continuant de raisonner ainsi nous aurons au sortir du métier à filer une longueur totale de

$$\frac{228,3 \times 17,5 \times 14,6 \times 13,1 \times 8,4}{6} = 1069784 \text{ mètres.}$$

Or, le poids d'un paquet du numéro 25 est de 22 kilogs, et sa longueur 329040 mètres. Pour déterminer le poids que nous cherchons, il suffit d'établir la proportion suivante :

$$22 : 329040 :: x : 1069784.$$

Il faut donc multiplier la longueur totale que nous venons de trouver par le poids du paquet numéro 25 et diviser ce produit par sa longueur.

$$\frac{1069784 \times 22}{329040} = 71 \text{ kilos } 62 \text{ sans réduction.}$$

Or, la torsion raccourcit le ruban qui regagne en poids,

endant que le déchet lui fait perdre, les effets qu'ils roduisent tendent donc à se neutraliser.

En effet, la perte en déchet, poussières et décomposi-ion que subit le ruban en passant successivement aux nachines à préparer et à filer, l'affaiblit et diminue le oids du fil, surtout si ce sont des lins rouis sur terre que 'on traite, ceux rouis à l'eau perdent moins, principale-nent les blancs. Cette perte ne peut bien s'évaluer que par la pratique. L'évaporation pour les lins rouis sur terre s'évalue de 4 à 6 p. %, et ceux rouis à l'eau de 2 à 4.

La torsion au contraire diminue la longueur de la mèche et par conséquent augmente d'autant plus le poids du fil. La perte en longueur ou l'augmentation du poids produite par la torsion est relative au numéro du fil et à la torsion par pouce ou par décimètre qu'il reçoit.

Exemple : Il est reconnu en pratique, que le numéro 25 tordu 10 tours par pouce anglais donne 10 p. % de perte en longueur ou d'augmentation de poids, en prenant ce chiffre pour base, quelle sera la perte en longueur du numéro 50 s'il est tordu 14 tours 14 centièmes par pouce ?

Je forme l'expression suivante :

Numéros du fil.	Tors.	Perte.
25	10	10 p. %
50	14,14	x

Or, si j'ai 10 p. % de perte pour le numéro 25,

j'aurais pour le numéro 1 une perte 25 fois plus grande ou 25×10, mais si je ne tordais qu'un tour au lieu de 10, la perte serait 10 fois plus petite, on aurait donc :

$$\frac{25 \times 10}{10}$$

et si au lieu de filer le numéro 1, je file du numéro 50, j'aurai encore 50 fois moins de perte ou :

$$\frac{25 \times 10}{10 \times 50}$$

mais si au lieu de tordre un tour par pouce je tords 14 tours 14 centièmes, j'aurai 14,14 plus de perte, ou

$$\frac{25 \times 10 \times 14,14}{10 \times 50} = 7 \text{ p. \% de perte.}$$

Pour opérer avec plus de facilité, on peut trouver un nombre constant en supprimant de l'opération que je viens de décrire le numéro du fil 50 et le nombre de tours par pouce qu'il doit recevoir, on a alors l'expression suivante :

$$\frac{25 \times 10}{10} = 25 \text{ nombre constant.}$$

Pour trouver la perte pour cent pour une torsion prise par pouce d'un numéro quelconque, il suffit de multiplier par ce chiffre le nombre de tours que le fil doit recevoir, et diviser ensuite par le numéro qu'on veut produire.

Exemple : Quelle sera la perte pour cent du numéro 50 s'il est tordu 14 tours 14 centièmes par pouce ?

$$\frac{14,14 \times 25}{50} = 7 \text{ p. }\%$$

Si on compte la torsion par décimètre, on opère de la même manière que nous venons de le démontrer et on obtient pour nombre constant 6,33 ; ce chiffre multiplié par le nombre de tours par décimètre que doit recevoir le fil et divisé par le numéro de ce fil, donnera au quotient la perte pour cent en longueur.

Exemple : Si je tords le numéro 25, 39 tours 5 dixièmes par décimètre, quelle sera la perte pour cent en longueur ?

$$\frac{39,5 \times 6,33}{25} = 10 \text{ p. }\%$$

Il résulte donc, que l'augmentation du poids produite par la torsion, exige une diminution sur le poids de l'assortiment, moins la perte en évaporation.

Nous avons trouvé précédemment que le poids de l'assortiment était sans réduction de 71 kilog. 52 décagrammes. Supposons donc que le gain produit par la torsion soit de 10 p. % et la perte en évaporation 4 1/2 p. %. On devra diminuer le poids de l'assortiment de

6

10 p. °/₀ moins 4 ¹/₂ ce qui est égal à 5 ¹/₂ à déduire du poids de l'assortiment. Ce qui revient à multiplier par 0,945. Le poids exact sera donc de ·

$$71,52 \times 0,945 = 67 \text{ kilos, } 5.$$

Autres Méthodes.

Je suppose qu'on adopte un poids quelconque pour former l'assortiment derrière le premier étirage : soit 67 kilos 5. Trouver le poids que cet assortiment produira, pour la longueur d'un paquet de fil, avec les étirages et les doublages indiqués précédemment.

Règle : Multipliez le poids de l'assortiment par le doublage et ce produit par la longueur du paquet de fil pour servir de dividende, faites ensuite le produit de l'étirage de tous les métiers à étirages, du banc à broches et du métier à filer multipliés l'un par l'autre et par la longueur de la sonnette, ce dernier produit sera le diviseur. Le quotient obtenu donnera le poids produit pour la longueur d'un paquet de fil.

Exemple :

$$\frac{\overset{\text{Assortim}^{\text{t}}}{67,5} \times \overset{\text{Doub.}}{6} \times \overset{\text{Long}^{\text{r}}\text{ du paquet.}}{329040}}{\text{long}^{\text{r}}\text{ totale } 228,2 \times 17,5 \times 14,6 \times 13,1 \times 8,4} \, 20 \text{ k}^{\text{os}} = 76.$$

Ce poids n'est que théorique, mais la pratique nous

démontre que la perte en évaporation diminue le poids du fil pendant que la torsion l'augmente. Donc si le gain en poids produit par la torsion est de 10 p. °/o et la perte en évaporation 4 ¹/₂ p. °/o, il faudrait diminuer le poids de l'assortiment de 10 p. °/o moins 4 ¹/₂ ce qui est égal à 5 ¹/₂ p °/₀, et si on ne voulait pas changer ce poids, il faudrait changer soit aux étirages ou aux doublages dans les mêmes proportions.

Si on veut changer au banc à broches ou au métier à filer, il faut donc ajouter 5 ¹/₂ p. °/o à l'étirage de l'une ou de l'autre machine, ajouter 5 ¹/₂ p. °/o, revient à multiplier par 1,055, donc :

$$1,055 \times 13,1 = 13,82 \text{ au banc à broches.}$$
$$1,055 \times 8,4 = 8,86 \text{ au métier à filer,}$$

Trouver le poids d'une échevette, pour un numéro quelconque.

Règle : Diviser le poids qu'on veut obtenir au paquet par 1200 échevettes qu'il contient, le quotient sera le poids de l'échevette.

Exemple : Quel sera le poids d'une échevette du N° 50 si un paquet de ce fil pèse 11 kilogrammes ?

$$11 \text{ k}^{os} \div 1200 = 0,00916 \text{ centigrammes.}$$

Calculer le poids de l'assortiment d'après la longueur de ce poids.

Règle : Multipliez l'étirage de tous les métiers à étirage, du banc à broches et du métier à filer l'un par l'autre, et le produit ainsi obtenu multiplié par le poids d'une échevette du numéro demandé, sera le dividende. Multipliez ensuite la longueur d'une échevette par les doublages pour diviser, le quotient donnera le poids de l'assortiment.

Exemple : Quel sera le poids de l'assortiment qui devra produire un poids de 0,00916 centigrammes pour une longueur de 274^{m}2, avec les étirages et les doublages qui suivent.

Étirage du 1er étirage 18, étirage du 2me et 3me étirage 16, banc à broches 15, métier à filer 8, 5 avec 12 rubans derrière le 2me étirage, 8 au troisième et une longueur de sonnette de 456 mètres 5 décimètres.

$$\frac{456,5 \times 18 \times 16 \times 16 \times 15 \times 8,5 \times 0,00916}{274,2 \times 12 \times 8} = 93 \text{ kilogs}$$

Trouver le poids de l'assortiment d'après le nombre de kilomètres contenus dans 500 grammes de fil.

Règle : Multipliez la longueur de la sonnette par l'étirage de tous les métiers à étirage, banc à broches et métier à filer, et le produit ainsi obtenu par 500 grammes de fil, ce sera le dividende, divisez ensuite par le numéro qu'on veut produire, multiplié par 0,3 pour obtenir le numéro français correspondant et qui représente le nombre de fois mille mètres contenus dans 500 grammes de fil, multipliez ensuite cette longueur par le nombre de rubans derrière les 2me et 3me étirages et divisez le premier résultat par le second, le quotient sera le poids demandé.

Exemple : Quel poids doit-on mettre derrière le 1er étirage, pour obtenir le N° 50 anglais, les étirages et les doublages étant les mêmes que dans l'exemple précédent?

$$\frac{456,5 \times 18 \times 16 \times 16 \times 15 \times 8.5 \times 0,500}{50 \times 0,3 \times 12 \times 8} = 93 \text{ kilogs}$$

Remarque. Dans les calculs qui précèdent, je n'ai pas tenu compte du raccourcissement de la torsion et du déchet. Or, si le fil est tordu 55 tours 8 dixièmes par décimètre et que j'estime l'évaporation à 4 %, je formerai l'expression suivante :

$$\text{Torsion par décimètre } \frac{55.8 \times 6,33}{50} = 7 \text{ %}$$

perte en longueur 7 % — 4 évaporation = 3 %

C'est donc 3 % à déduire sur le poids de l'assortiment, ce qui revient à multiplier par 0,97, donc $93 \times 0,97 = 90$ kilogs, poids de l'assortiment.

Trouver le nombre de mètres contenus dans 25 grammes de mèche.

Règle : Pour faire ce calcul il faut d'abord connaître l'étirage que l'on doit donner à la filature : on opère ensuite en multipliant le numéro anglais par 0,3 pour obtenir le numéro français correspondant, on obtient alors le nombre de fois mille mètres contenus dans 500 grammes, on divise ensuite ce produit par l'étirage de filature multiplié par 20 exprimant le nombre de fois 25 grammes contenus dans 500, le quotient donne la longueur de 25 grammes de mèche.

Exemple : Quelle sera la longueur de 25 grammes de mèche pour le numéro 80 anglais, l'étirage de filature étant 9.

$$\frac{80 \times 0,3}{9 \times 20} = 133 \text{ mètres } 33 \text{ centimètres.}$$

Trouver le poids de 100 mètres de mèche, l'étirage de filature étant connu.

Règle : Multipliez 100 mètres par 500 grammes, poids du nombre de fois mille mètres contenus dans le numéro qu'on veut produire, ce produit multiplié par l'étirage de filature et divisé par le numéro anglais multiplié par 0,3 donnera au quotient le poids de 100 mètres de mèche.

Exemple : Quel sera le poids de 100 mètres de mèche pour le numéro 80, si l'étirage de filature est 9?

$$\frac{100 \times 0,500 \times 9}{80 \times 03} = 0,01875 \text{ centigrammes}$$

Trouver le poids de l'assortiment d'après la longueur de 25 grammes de mèche.

Règle : Multipliez la longueur marquée par la sonnette

par l'étirage des métiers à étirage et du banc à broches, et le produit ainsi obtenu par 25 grammes ce sera le dividende. Multipliez ensuite la longueur de 25 grammes de mèche par le nombre de rubans derrière le 2me et 3me étirage, ce sera le diviseur. Le premier produit divisé par le second donnera au quotient le poids qu'on veut obtenir.

Exemple : Quel sera le poids de l'assortiment si la longueur de 25 grammes de mèche est de 133 mètres 33 centimètres avec les étirages et le nombre de rubans qui suivent, la longueur de la sonnette étant de 731 mètres 2 décimètres?

Étirage du 1er étirage 16, 2me étirage 15, 3me étirage 12, banc à broches 12, avec 12 rubans derrière le 2me étirage et 8 derrière le 3me.

$$\frac{731,2 \times 16 \times 15 \times 12 \times 12 \times 0,025}{133,33 \times 12 \times 8} = 49 \text{ kilog. } 356.$$

Trouver le poids de l'assortiment d'après le poids de 100 mètres de mèche.

Règle. Multipliez le poids de 100 mètres de mèche par la longueur de la sonnette et le produit ainsi obtenu par l'étirage des métiers à étirage et du banc à broches, divisez ensuite par la longueur de 100 mètres multiplié par le doublage, le quotient sera le poids cherché.

Exemple : Quel sera le poids de l'assortiment si 100

mètres de mèche pèsent 0,01875 centigrammes avec les étirages et les doublages qui suivent.

$$\frac{731,2 \times 16 \times 15 \times 12 \times 12 \times 0,01875}{100 \times 12 \times 8} = 49 \text{ kilog. } 356$$

Si je tords ce numéro 70 tours 6 dixièmes par décimètres et que j'estime l'évaporation à 3 p %, je formerai l'expression suivante.

$$\text{Torsion } \frac{70,6 \times 6,33}{80} = 5\,^1/_2$$

perte en longueur $5\,^1/_2$ p. % $-3 = 2\,^1/_2$ p. % à déduire du poids de l'assortiment, ce qui revient à multiplier par 0,975, le poids exact sera donc de

$$49,356 \times 0,975 = 48 \text{ kilogs.}$$

Trouver la longueur de 500 grammes de ruban de mèche et de fil aux étirages, banc à broches, et métier à filer.

Règle : Le poids donné pour l'assortiment est à la longueur de la sonnette, comme l'étirage du métier est à la longueur demandée, le nombre de rubans derrière la machine suivante est à l'étirage de cette machine, comme la longueur qu'on vient de trouver est à la longueur demandée.

Exemple : Quelle sera la longueur de 500 grammes de ruban aux étirages, banc à broches et métier à filer, avec les étirages et les doublages qui suivent, la longueur de la sonnette étant de 228 mètres 3 décimètres et le poids de l'assortiment 67 kilogs 5 ?

Etirage du 1er étirage 17,5, étirage du 2me étirage 14,6, étirage du banc à broches 13,1, étirage du métier à filer 8,4, et 6 rubans derrière le 2me étirage.

Il suffit donc de multiplier la longueur de la sonnette par l'étirage du 1er étirage et diviser ce produit par le poids de l'assortiment multiplié lui-même par 2, nombre de fois 500 grammes contenus dans un kilog, on obtient alors la longueur demandée pour le 1er étirage. Ensuite on continue en multipliant cette longueur par l'étirage du 2me étirage et ce produit divisé par le doublage derrière cette machine donne au quotient la longueur de 500 grammes de ruban et ainsi de suite jusqu'au métier à filer.

Exemple :

$$\frac{\text{Long. de la sonnette } 228,3 \times 77,5}{\text{Poids de l'assortiment } 67,5 \times 2} = 29,594 \text{ au } 1^{er} \text{ étirage}$$

$$\frac{29,594 \times 14,6}{6} = 72,012 \text{ au } 2^e \text{ étirage.}$$

$$\frac{72,012 \times 13,1}{1} = 943,357 \text{ banc à broches.}$$

$$\frac{943,357 \times 8,4}{1} = 7924,19 \text{ mètres de fil.}$$

Or , si on estime la perte en longueur produite par la torsion à 10 p. % et la perte en évaporation à 4 1/2 p. %, il faudra déduire de la longueur que nous venons de trouver 10 p. %—4 1/2=5 1/2 p. %, ce qui revient à multiplier par 0,945 la longueur de fil sera donc de

$$9724,19 \times 0,954 = 7488,35.$$

Si on voulait connaître la longueur de ruban contenue dans un hectogramme à chacune des machines que nous venons de mentionner, on multiplierait d'abord la longueur de la sonnette par l'étirage du 1er étirage et on diviserait ce produit par le poids de l'assortiment multiplié par 5 exprimant le nombre d'hectogrammes contenus dans 500 grammes, et le reste de l'opération se ferait de la même manière que précédemment.

$$Exemple : \frac{228,3 \times 17,5}{67,5 \times 5} = 11,837 \text{ au 1er étirage.}$$

$$\frac{11,837 \times 14,6}{6} = 28,80 \text{ au 2me étirage.}$$

$$\frac{28,80 \times 13,1}{1} = 377,28 \text{ banc à broches.}$$

$$\frac{377,28 \times 8,4}{1} = 3169 \text{ mètres de fil sans réduction.}$$

Trouver l'étirage de filature d'après le poids d'un paquet.

Règle : Multipliez la longueur de la sonnette par l'étirage des métiers à étirages, banc à broches et métier à filer, et le produit ainsi obtenu par le poids du paquet, diviser ensuite par le poids de l'assortiment multiplié par le doublage, le quotient donnera la longueur sortie au banc à broches, pour le poids du paquet, divisez ensuite 329040 mètres, longueur du paquet par celle sortie au banc à broches le quotient obtenu sera l'étirage de filature.

Exemple : Un assortiment du poids de 67 kilogs, 5 pour une longueur de sonnette de 228 mètres 3 décimètres, est étiré de 17,5 au 1er étirage, 14,6 au 2me, 13,1 au banc à broches, avec un doublage de 6 rubans, au 2me étirage. Quel sera l'étirage de filature, si on veut obtenir un poids de 22 kilogs au paquet ?

$$\frac{228,3 \times 17,5 \times 14,6 \times 13,1 \times 22}{67,5 \times 6} = 41508,37.$$

Cette longueur sortie au banc à broches est pour un poids de 22 kilogs.

Longueur du paquet $\quad \dfrac{329040}{41508,37} = 7{,}93$ étirage, $+$ perte
Longr pour 22 kilogs

En supposant que l'on torde 39 tours 5 dixièmes par décimètre, on prendra pour multiplicateur 6,33. Le numéro du fil pour 22 kilogs étant 25, on formera l'expression suivante:

$$\frac{39,5 \times 6,33}{25} = 10 \text{ p. }\% \text{ perte en longueur.}$$

Si on estime l'évaporation à 4 $^1/_2$ p. $\%$ l'expression de l'étirage exact sera de

10 p. $\%$ — 4 $^1/_2$ = 5 $^1/_2$ p. $\%$ à ajouter à l'étirage que nous venons de trouver, ce qui revient à multiplier par 1,055 donc

$$7,93 \times 1,055 = 8,35 \text{ étirage de filature.}$$

Trouver le poids de la mèche au banc à broches pour une longueur de sonnette.

Règle : Multipliez le poids de l'assortiment derrière le 1er étirage, par le doublage, ce sera le dividende. Multipliez ensuite l'étirage des métiers à étirage et du banc à broches, ce sera le diviseur, divisez le premier produit par le second, le quotient donnera le poids de la mèche pour une longueur de sonnette.

Exemple : Un poids de 67 k^{os}, 5, est porté derrière le 1er étirage pour une longueur de 228 mètres 3 décimètres, quel sera le poids de la mèche pour cette longueur si les étirages et les doublages sont les mêmes que dans l'exemple précédent ?

$$\frac{67,5 \times 6}{17,5 \times 14,6 \times 13,1} = 0,121 \text{ grammes.}$$

Trouver l'étirage de filature pour un numéro quelconque, le poids de la mèche étant connu.

Règle. Le poids d'une longueur déterminée de fil du numéro qu'on veut produire est à cette longueur comme le poids cherché est à la longueur marquée par la sonnette. On obtient alors le poids à sortir au métier à filer, on divise ensuite le poids de la mèche par celui qu'on vient d'obtenir, le quotient donne l'étirage de filature.

Exemple : Si la mèche au banc à broches pèse 0,121 grammes pour une longueur de 228 mètres 3, quel étirage devra-t-on donner au métier à filer pour produire un poids de 0,0183 décigrammes pour la longueur d'une échevette du N° 25 ?

$$\frac{\text{Long}^\text{r} \text{ de la sonnette}}{\text{Long}^\text{r} \text{ d'une échevette}} \quad \frac{228,3 \times 0,0183}{274,2} = 0,01524 \text{ centig}^\text{mes}$$

Le poids à sortir au métier à filer étant de 0,01524 centigrammes, l'étirage à donner sera donc de

$$0121 \pm 0,01524 = 7,93 + \text{la perte.}$$

Si on estime la perte en longueur produite par la torsion à 10 p. % et l'évaporation 4 1/2, on devra augmenter l'étirage de 5 1/2 p. %, ce qui revient à multiplier par 1,055 donc

$$7,93 \times 1,055 = 8,36 \text{ étirage de filature.}$$

Trouver l'étirage de filature d'après la longueur de 25 grammes de mèche.

Règle : Multipliez le numéro anglais par 0,3 pour obtenir le nombre de kilomètres de 500 grammes de fil, divisez ce produit par la longueur de 25 grammes de mèche multiplié par 20, exprimant le nombre de fois 25 grammes contenu dans un demi kilog, le quotient donnera l'étirage de filature.

Exemple: Quel sera l'étirage de filature pour obtenir le N⁰ 80, si la longueur de 25 grammes de mèche est de 133 mètres 33 centimètres ?

$$\frac{80 \times 0,3}{133,33 \times 20} = 9 \text{ Etirage.}$$

Trouver l'étirage de filature d'après le poids de 100 mètres de mèche.

Règle: Multipliez le numéro anglais par 0,3 et ce produit par le poids de 100 mètres de mèche ; divisez ensuite par 100 mètres multiplié par 0,500 grammes, le quotient sera l'étirage de filature.

Exemple: Quel sera l'étirage de filature pour produire le numéro 80 anglais, si 100 mètres de mèche pèsent 0,01875 centigrammes ?

$$\frac{80 \times 0,3 \times 0,01875}{100 \times 0,500} = 9 \text{ Etirage.}$$

Trouver le numéro de la mèche d'après le poids d'une longueur déterminée de ruban.

Règle. Multipliez 540 kilogs, poids d'un paquet N⁰ 1 , par la longueur déterminée du ruban ; divisez ensuite par le poids de cette longueur multiplié par 329,040 mètres, longueur du paquet, le quotient sera le numéro de la mèche.

Exemple : Si une longueur de mèche de 228 mètres 3 décimètres pèse 0,121 grammes, quel est son numéro ?

$$\frac{540 \times 228,3}{329040 \times 0,121} = 3,09 \text{ N}^\text{o} \text{ de la mèche.}$$

Trouver l'étirage de filature, le numéro de la mèche étant connu.

Règle : Divisez le numéro à produire par le numéro de la mèche, le quotient donnera l'étirage de filature.

Exemple : Quel étirage devra-t-on donner au métier à filer pour produire le numéro 25, si le numéro de la mèche est 3,09 ?

$$25 \pm 3,09 = 8 \text{ étirages.}$$

Remarque. Il est bien entendu que dans les calculs qui précèdent, je n'ai pas tenu compte du raccourcissement de la torsion et de l'évaporation que l'on évalue comme je l'ai démontré selon la qualité de la matière, du numéro du fil et de la torsion qu'il reçoit.

La règle suivante mettra à même de trouver le numéro de la mèche, l'étirage de filature étant connu, avec la réduction du déchet et de la torsion comprise.

Règle Divisez le poids d'un paquet, d'un dévidoire ou d'une échevette du numéro 1 anglais par le poids d'un paquet, d'un dévidoire ou d'une échevette du numéro que l'on produit, multiplié par l'étirage de filature, le quotient donnera le numéro de la mèche avec la réduction comprise.

Exemple: S'il est exigé un étirage de 8,4 pour produire un poids de 0,0183 décigrammes pour la longueur d'une échevette du numéro 25, quelle est le numéro de la mèche : sachant que le poids d'une échevette du numéro 1 anglais est de 0,453 grammes?

$$\frac{0,453}{0,0183 \times 8,4} = 2,95 \text{ numéro de la mèche.}$$

Si 2,95 est le numéro de la mèche, quel étirage sera-t-il exigé pour produire le numéro 20?

$$20 \pm 2,95 = 6,77 \text{ étirage.}$$

Ayant combiné les étirages et les doublages que l'on veut donner à chaque machine, pour produire un numéro quelconque, trouver le poids qu'on devra étaler sur un mètre de cuir sans fin, pour produire ce numéro.

Règle. Multipliez le poids d'une longueur déterminée de fil du numéro qu'on veut produire par l'étirage de tous les métiers depuis le métier à filer, jusqu'à l'étaleuse, ce sera le dividende. Multipliez ensuite la longueur primitive par le nombre de rubans derrière chaque machine et par le nombre de cuirs sans fin pour servir de diviseur, le quotient donnera le poids à étaler sur un mètre de cuir.

Exemple : Quel sera le poids à étaler sur un mètre de cuir sans fin pour produire 0,0183 décigrammes pour la longueur d'une échevette de fil du numéro 25, avec les étirages et les doublages qui suivent :

Etirage du métier à filer 8,4, banc à broches, 13,1, 2e étirage 14,6, 1er étirage 17,5; étaleuse 28,4 avec 6 rubans derrière le 2e étirage, 12 derrière le 1er et 4 cuirs sans fin à l'étaleuse.

$$\frac{0,0183 \times 8,4}{1} = 0,1537 \text{ décig}^{\text{mes}} \text{ devant le banc à broches.}$$

$$\frac{0,1537 \times 13,1}{1} = 2 \text{ kilos. } 0,137 \text{ devant le 2e étirage.}$$

$$\frac{2,0137 \times 14,6}{6} = 4 \text{ kilos, } 9 \text{ devant le 1er étirage.}$$

$$\frac{4,9 \times 17,5}{12} = 7 \text{ kilos } 145 \text{ devant l'étaleuse.}$$

$$\frac{7,145 \times 28,4}{2,74, \times 4} = 0,105 \text{ grammes sur un mètre de cuir.}$$

Je suppose qu'on estime le raccourcissement de la torsion à 10 p. °/₀ et l'évaporation à 4 ¹/₂ on devra donc déduire du poids que nous venons de trouver 5 ¹/₂ p. °/₀ ce qui revient à multiplier par 0,945 ; le poids exact à étaler sur un mètre de cuir sans fin, sera donc de

$$0,185 \times 0,945 = 0,175 \text{ grammes.}$$

FILAGE DE L'ÉTOUPE

Cardage.

L'étoupe étant comme nous l'avons dit un mélange de fibres brisées, enchevrettées, on lui fait subir un espèce de peignage que l'on nomme *cardage* Il a pour but de débrouiller les fibres et de les redresser, de manière qu'elles soient parallèles à leur sortie de la carde, pour former un cordon continu.

La carde que l'on emploie ordinairement pour les numéros au-dessous de 30, est la carde circulaire. Cette carde fonctionne comme briseuse et finisseuse et possèdent quelquefois sur le devant un petit étirage que l'on nomme Rotary Gills. Cet étirage reçoit les rubans des peigneurs en les étirant ordinairement de 4, ces rubans tombent dans un pot réunis en un seul, et la longueur est déterminée par une sonnette, de même qu'à la table à étaler.

Pour les numéros au-dessus de 30, on doit d'abord faire passer l'étoupe à une briseuse afin de fatiguer moins la carde finisseuse qui doit avoir pour ces numéros, une garniture de dents plus faibles et plus rapprochés, et que l'on doit par conséquent ménager, si on ne veut pas altérer cette garniture.

La carde se compose d'un grand cylindre que l'on nomme tambour, son diamètre varie de 1 mètre 20 centimètres à 2 mètres 15, sur une largeur de 1 mètre 20 à 1 mètre 80.

La vitesse pour les petits diamètres, est ordinairement de 200 à 225 tours par minute, et pour les grands de 150 à 175 tours. Cette dernière vitesse ne s'emploie ordinairement que pour les matières grossières et lorsque la garniture est d'un gros numéro.

Le tambour est hérissé d'aiguilles. Autour de lui, excepté sur le devant, est disposée une série de 6 à 8 paires du cylindre également hérissés d'aiguilles. Chaque paire de cylindres se compose d'un débourreur et d'un travailleur, d'un diamètre beaucoup plus petit que le grand tambour et marchant à une vitesse différente.

Les débourreurs marchent très vite et tournent de manière à ce que leurs dents qui sont inclinés en sens contraire au point de contact, attaquent à revers celles des autres cylindres, afin de les dépouiller de l'étoupe qui y est engagée.

Les travailleurs au contraire marchent très lentement, et à leur point de contact présentent leurs aiguilles parrallèlement pointe contre pointe à celles du grand tambour, c'est ce qui opère le cardage.

Ensuite la carde circulaire a ordinairement sur le devant, trois autres cylindres d'un plus grand diamètre, garnis de dents plus faibles et plus serrées; ce sont ces cylindres que l'on nomme peigneurs. Leur marche est très lente, ils reçoivent l'étoupe que leur abandonne constamment le grand tambour, cette étoupe est dégagée des peigneurs par une lame dentée, animée d'un mouvement saccadé, qui bat contre eux. Elle s'achemine ensuite sous la forme de nappe, pour s'engager entre le rouleau d'appel et son rouleau de pression. L'étoupe sort de ce rouleau sous la forme d'un ruban formé avec un seul peigneur pour les cardes simples; trois rubans par peigneurs pour les cardes doubles.

Les cardes doubles ont généralement trois peigneurs placés l'un au-dessus de l'autre. Chaque peigneur produit une qualité différente d'étoupe que l'on peut séparer pour produire différents numéros. Souvent on réunit ces rubans en un seul, qui vient tomber dans un pot placé par devant la carde.

Avant d'opérer le cardage, on pèse les étoupes à un poids déterminé; on forme un paquet que l'on étale avec la plus grande régularité possible, sur une toile sans fin placée sur une table par devant la carde. Cette toile conduit l'étoupe aux cylindres fournisseurs qui l'abandonnent à un cylindre que l'on nomme délivreur, parce que c'est lui qui la délivre au grand tambour. Ce cylindre présente ses aiguilles pointe contre pointe à celles du grand tambour et opère le premier cardage.

La carde circulaire nouvellement perfectionnée à successivement deux débourreurs à la suite de ce cylindre. La vitesse du premier débourreur est inférieure à celle du second, qui a pour action de dégager le premier de son étoupe. Ce système présente un avantage en ce que l'étoupe se trouve immédiatement ouverte à sa sortie des fournisseurs, se travaille avec plus de facilité à son passage entre les autres cylindres qui la déchirent moins. On peut en outre la faire passer avec plus de rapidité dans la carde, ce qui produit moins de duvets ou déchet et donne au fil une qualité supérieure.

La carde, comme toutes les machines à préparer, moins elle est chargée, mieux elle fonctionne Si on veut obtenir un bon résultat dans le cardage, il ne faut donc pas mettre une charge trop forte sur les toiles sans fin, car si on voulait obtenir un rendement plus grand que la carde ne peut donner, il arriverait que l'étoupe couvrirait les dents des cylindres entre lesquels elle passe, et qu'elle n'en subirait pas l'action.

La garniture de la carde étant très fragile, on doit la préserver de tout contact qui pourrait la détériorer. On doit éviter avec soin de laisser passer des nœuds, ce qui émousserait les dents ; en outre, l'écartement des cylindres au grand tambour, doit se régler selon la qualité de l'étoupe et le numéro que l'on produit.

Si les cylindres sont trop éloignés du grand tambour, il en résulte que l'action qu'ils doivent exercer sur l'étoupe devient impuissante ; elle se tord, bourre ces cylindres, et endommage sérieusement la garniture par l'écrasement des dents.

Si les cylindres sont trop rapprochés du grand tambour, l'étoupe sera déchirée coupée par celui-ci ; les fibres seront affaiblis et ne produiront plus qu'un ruban irrégulier et un fil de qualité inférieure.

Il est très important de veiller avec le plus grand soin, à la garniture de la carde ; on doit souvent se rendre compte de l'état où elle se trouve, examiner s'il y a des dents émoussées ou couchées, les redresser aussitôt, car l'étoupe en passant sur les parties endommagées, ne subirait pas de cardage, elle se nouerait et ne produirait qu'un fil boutonneux.

Il est donc indispensable de nettoyer souvent la carde et d'enlever entièrement l'étoupe qu'elle contient, afin de découvrir avec plus de facilité si une dent a été couchée ou s'il y a des nœuds sur les cylindres. Si on néglige cette précaution, on ne produira qu'un mauvais cardage, et on n'obtiendra que du fil de qualité médiocre, même avec des étoupes de qualité supérieure.

L'étirage de la carde est le rapport qui existe entre le

débit de l'un des fournisseurs et celui d'un peigneur ou du rouleau d'appel, ce qui revient au même.

Pour déterminer l'étirage de la carde, on multiplie les dents du pignon fixé sur l'axe du rouleau d'appel, par les dents du pignon de rechange et ce produit par le diamètre du rouleau fournisseur ; on multiplie ensuite les dents de la roue tête de cheval par les dents de la roue fixée sur l'axe du fournisseur et se produit par le diamètre du rouleau d'appel. Ce second produit divisé par le premier, donnera au quotient l'étirage de la carde.

Exemple : Quel sera l'étirage d'une carde, si son rouleau d'appel a un diamètre de 0,108 millimètres et porte sur son axe un pignon de 25 dents commandant par intermédiaires une roue de tête de cheval qui en a 125, laquelle porte sur sa douille un pignon de rechange de 45 dents commandant également par intermédiaire une roue qui en a 60 et qui est fixée sur l'axe du fournisseur son diamètre étant de 0,070 millimètres ?

$$\text{Commandés} \atop \text{Commandeurs} \quad \frac{125 \times 60 \times 0,108}{25 \times 45 \times 0,070} = 10 \; {}^{2}/_{7} \; \text{étirage.}$$

La méthode à suivre pour calculer l'étirage, la vitesse, la production et les différents poids d'assortiment, étant exactement la même pour l'étoupe que pour le long-brin ; je me bornerai à ne citer qu'un seul exemple qui n'est que la répétition de ce qui a déjà été démontré.

Trouver le poids d'étoupe à étaler sur un mètre de

toile sans fin, pour produire un numéro quelconque.

Règle. La longueur d'un poids déterminé de fil du numéro demandé, est à la longueur étirée par les machines, comme le poids donné est au poids cherché.

Exemple : Quel poids d'étoupe faudra-t-il étaler sur un mètre de toile sans fin, pour produire le N° 16 anglais, avec les étirages et le nombre de rubans qui suivent, le fil ayant une longueur de 4800 mètres pour un poids de 0,500 grammes ?

$$
\begin{aligned}
&\text{Étirage de la carde.} \ldots \ldots \quad 10,2\\
&\text{\guillemotright \quad du 1}^{er}\text{ étirage} \ldots \ldots \quad 6\\
&\text{\guillemotright \quad du 2}^{me}\text{ \guillemotright} \ldots \ldots \quad 6,3\\
&\text{\guillemotright \quad du 3}^{me}\text{ \guillemotright} \ldots \ldots \quad 7,4\\
&\text{\guillemotright \quad du banc à broches} \ldots \quad 9,6\\
&\text{\guillemotright \quad du métier à filer.} \ldots \quad 9,3
\end{aligned}
$$

Nombre de rubans au 3me étirage 4
»   au 2me »   6
»   au 1er »   3

Nombre de toiles sans fin. . . 3

Il faut donc multiplier les étirages, les uns par les autres, et le produit ainsi obtenu le multiplier par 0,500 grammes, ce sera le dividende. Multiplier ensuite la longueur de 0,500 grammes de fil du numéro demandé par le nombre de rubans derrière les machines et par le nombre de toilés sans fin, pour diviser, le quotient sera le poids d'étoupe à étaler sur un mètre de chaque toile sans fin.

$$\text{Etirages} \atop \text{Rubans} \quad \frac{10,2\times6\times6,3\times7,4\times9,6\times9,3\times0,500}{4\times6\times3\times3\times4800} = 0,123$$

Le poids à étaler sur une toile sans fin sera donc de 0.123 grammes sans réduction de la torsion, ni du déchet.

Or, la perte en duvet produite par le cardage, est considérable, elle est subordonnée à la qualité de la matière que l'on travaille et ne peut se régler que par la pratique.

Supposons que dans l'exemple ci-dessus j'estime la perte en évaporation à 25 p. %, si je tords le fil 31 tours par décimètre, je prendrai pour multiplicateur 6,33 pour obtenir le gain produit par la torsion, donc

$$\text{Torsion} \atop \text{N}^\text{o}\text{ du fil} \quad \frac{31\times6,33}{16} = 12 \text{ p. \%}$$

perte en évaporation 25 p. % — 12 p. % = 13 p. % à ajouter au poids que nous avons trouvé, ce qui revient à le multiplier par 1,13, le poids à étaler sur un mètre de toile sans fin sera donc pratiquement de

$$0,123\times1,13 = 0,139 \text{ grammes.}$$

Les étirages et les bancs à broches destinés à travailler les étoupes, diffèrent de ceux destinés à travailler le long-brin, par l'écartement entre les cylindres, qui est plus petit, on ne doit pas étirer à ces machines plus de 6 à 10.

TABLE

Filage du lin.

Préparation du lin.

Mouvement différentiel.

Filage de l'étoupe.

LILLE IMP. LEFEBVRE-DUCROCQ, RUE ESQUERMOISE, 57.

www.ingramcontent.com/pod-product-compliance
Ingram Content Group UK Ltd.
Pitfield, Milton Keynes, MK11 3LW, UK
UKHW031847170726
13836UKWH00004B/1926